无人机专业应用型人才培养规划教材

U0204319

无人机总体气动设计

刘沛清　　陆维爽　　编著

北京航空航天大学出版社

内 容 简 介

本书为无人机总体气动设计专业教材,主要介绍了无人机气动设计的相关知识以及气动设计原则。

本书的特点是叙述简单、概念清晰、图文并茂、便于实践。书中主要通过配图、举例等方式进行阐述,语言生动有趣,知识内容浅显易懂。同时,书中所涉及的原理以及公式推导都不难,还有章节后的习题以及实验操作,便于读者快速理解和掌握。

本书适合航空相关专业的本科生学习或具有一定基础的无人机相关行业读者参考。

图书在版编目(CIP)数据

无人机总体气动设计 / 刘沛清,陆维爽编著. -- 北京 : 北京航空航天大学出版社,2020.8

ISBN 978 - 7 - 5124 - 3319 - 9

Ⅰ. ①无… Ⅱ. ①刘… ②陆… Ⅲ. ①无人驾驶飞机—气体动力学—设计 Ⅳ. ①V279

中国版本图书馆 CIP 数据核字(2020)第 143670 号

无人机总体气动设计

刘沛清　陆维爽　编著

责任编辑　冯　颖

*

北京航空航天大学出版社出版发行

北京市海淀区学院路 37 号(邮编 100191)　http://www.buaapress.com.cn

发行部电话:(010)82317024　传真:(010)82328026

读者信箱:goodtextbook@126.com　邮购电话:(010)82316936

涿州市新华印刷有限公司印装　各地书店经销

*

开本:787×1 092　1/16　印张:10.25　字数:262 千字

2020 年 9 月第 1 版　2024 年 3 月第 3 次印刷　印数:3 001～4 000册

ISBN 978 - 7 - 5124 - 3319 - 9　定价:29.00 元

前　言

　　无人机是无人驾驶飞行器的简称,英文缩写为 UAV(Unmanned Aerial Vehicle),是利用无线电遥控设备和自备的程序控制装置操纵的无人飞行器。无人机按照总体气动布局可分为无人直升机、无人固定翼机、无人多旋翼飞行器、无人飞艇、无人伞翼机等。无人机系统由飞机平台、信息采集、地面控制等子系统组成,具有用途广泛、成本低廉、效费比高、无人员伤亡风险、生存能力强、机动性能好、使用方便等优点。无人机不仅在现代战争中占有极其重要的地位,而且在民用领域有更广阔的应用前景。军用无人机主要用于完成战场侦察和监视、定位校射、毁伤评估、电子战等;民用无人机可用于边境巡逻、核辐射探测、航空摄影、航空探矿、灾情监视、交通巡逻、治安监控等。无人机可实现高分辨率影像的采集,既可弥补卫星遥感常因云层遮挡获取不到影像的缺点,又可解决传统卫星遥感重访周期过长、应急不及时等问题。

　　编写本书的目的在于帮助初期学习无人机气动设计的同学掌握飞机气动设计的相关知识,了解模型飞机、无人机等小型飞机的气动设计原则。

　　本书的特点是叙述简单、概念清晰、图文并茂、便于实践。书中主要通过配图、举例等方式进行阐述,语言生动有趣,内容浅显易懂。同时,书中所涉及的原理以及公式推导都不难,并配有章节后的习题以及实验操作,便于读者快速理解和掌握。

　　现代无人机总体气动设计不仅要设计无人机的气动外形,还涉及无人机的结构布置与设计、动力系统、任务载荷、可靠性等多个专业方向的耦合,需要协调、优化以实现整个无人机系统的优化布置和气动设计方案。本书作为一门技术性基础教材,从空气动力学原理出发,分 10 章介绍相关知识:

　　第 1 章是无人机概述与发展,介绍无人机的概念、应用范围以及发展历程。

　　第 2 章是气象条件。由于飞机的气动设计与气象条件息息相关,因此本章简单介绍气象条件的相关知识。

　　第 3 章是空气动力学原理。这是空气动力学的基础知识,包括飞机气动设计的基础原则。

　　第 4 章是典型翼型及其空气动力。翼型是机翼的剖面,本章主要介绍翼型的几何参数的选取以及不同翼型的气动特性。

　　第 5 章是机翼及其气动力。机翼是飞机产生升力的重要部件,本章主要介绍不同外形的机翼的气动特性。

　　第 6 章是机身与起落架,主要介绍机身以及起落架的设计原则。

第 7 章是推进系统。飞机发动机是为飞机提供动力的装置,而螺旋桨是发动机最重要的部件。本章主要介绍螺旋桨的设计原则。

第 8~10 章分别介绍固定翼无人机、旋翼无人机以及特殊混合布局无人机的气动设计原则,并提供相应的实践练习,帮助初学者掌握无人机气动设计原则。

由于篇幅和学时所限,本书取材相对简单,主要介绍概念和工程应用。因作者才疏学浅,精力有限,疏漏之处恳请专家同仁批评指正,万分感激。

作　者

于北京航空航天大学

2020 年 4 月

目　　录

第1章　无人机概述与发展

1.1　无人机概念

1.1.1　无人机的定义

无人机是无人驾驶飞行器(Unmanned Aerial Vehicle,UAV)的简称,主要是利用无线电遥控设备和自备的程序控制装置操纵的飞行器(如图1.1所示)。不同文献对于无人机的定义也不尽相同。2002年1月,我国出版的《国防科技名词大典·航空》将无人机定义为"不用驾驶员或者驾驶(操作)员不在机上的飞机"。

目前,学术界普遍认同的是2002年1月美国联合出版社出版的《国防部军事术语词典》(DOD Dictionary of Military and Associated Terms)中对无人机的定义:"无人机是指由动力驱动、不搭载操作人员的一种空中飞行器,采用空气动力为飞行器提供升力,能够自主或遥控飞行,既能一次性使用也能回收,能够携带杀伤性或非杀伤性任务载荷。"

然而,并不是所有无人驾驶的航空器和航天器都称为无人机,例如卫星(如图1.2所示)、气球、导弹等都不属于无人机。这里特别要提醒读者注意无人机与巡航导弹(如图1.3所示)的区别:① 无人机在飞行结束后是可以进行回收,而巡航导弹是一次性的,不能回收;② 无人作战飞机虽然可以携带弹药,但弹药与无人机机体是分开、相对独立的,而巡航导弹的作战弹头是被整合在弹体内的。

图1.1　"洛马"的"臭鼬"无人机(双发布局)

图1.2　卫　星

1.1.2　无人机的特点

由于无人机不需要机载操作人员,故相较于有人飞机更具有优势:

(1) 执行任务的种类比较广泛。相较于有人飞机,无人机更适合执行枯燥无味的任务(例

图 1.3　巡航导弹

如:农药喷洒),降低人工成本;更适于执行具有危险性(如图 1.4 所示的"长空一号"无人靶机)、放射性的任务(例如:高空侦察、放射样本采集),避免机载人员伤亡。

图 1.4　"长空一号"无人靶机

　　(2)起降方式灵活、简便。对于中小型的无人机,其起飞方式可以采用弹射起飞或者手抛起飞(如图 1.5 所示),降落可以采用伞降(如图 1.6 所示)或气囊着陆手段,不需机场、塔台等;对于大型无人机也可以大大缩短起飞和着陆的滑跑距离。

　　(3)机动性高,隐蔽性好。由于无人机上没有驾驶员,故战斗机高机动过载引起的飞行员身体不适都将不复存在。同时,无人机省去了机载人员及相关设备,其质量、体积都会大大减小,有利于各种非常规布局以及隐身性的设计,从而增强其突防能力。例如,如图 1.7 所示的X-47B 隐身无人机采用蝙蝠式机体布局,体积较大;其发射和回收方式为常规轮式起降。

　　(4)研制成本低,使用维护方便。无人机内部结构简单,省去了有关人机环境控制以及安全救生设备,从而大幅缩短了设备的研制、人员培训以及后期维修保养等所需的时间,节省了研制费用和驾驶员的训练时间,缩短了研制周期,简化了维修方法。

图 1.5 可手抛起飞的无人机

图 1.6 可伞降回收的无人机
（由同济大学学生研制）

图 1.7 X-47B 隐身无人机

1.1.3 无人机的分类

随着国内外无人机相关技术的飞速发展,无人机系统的种类日益繁多,用途越来越广泛,特点越来越鲜明,同时其在尺寸、质量、航程、航时、飞行高度、飞行速度、任务载荷等方面的差异也越来越大。由于无人机的多样性,因此基于不同的考量,目前主要有以下 5 种分类方法:

(1) 按尺度(民航法规),无人机可分为微型无人机、轻型无人机、小型无人机以及大型无人机。微型无人机的空机质量小于等于 7 kg;轻型无人机的空机质量大于 7 kg 但小于等于 116 kg 且全马力平飞中,校正空速小于 100 km/h(55 nmile/h),升限小于 3 000 m;小型无人机的空机质量小于等于 5 700 kg;大型无人机则是指空机质量大于 5 700 kg 的无人机,如图 1.8 所示为可远程搜集情报的隐形无人机。

(2) 按活动半径,无人机可分为超近程无人机、近程无人机、短程无人机、中程无人机以及远程无人机。超近程无人机活动半径在 15 km 以内;近程无人机活动半径在 15~50 km 范围内;短程无人机活动半径在 50~200 km 范围内;中程无人机活动半径在 200~800 km 范围内;远程无人机活动半径大于 800 km。

(3) 按任务高度,无人机可以分为超低空无人机、低空无人机、中空无人机、高空无人机以及超高空无人机。超低空无人机任务高度一般在 0~100 m 范围内;低空无人机任务高度一般在 100~1 000 m 范围内;中空无人机任务高度一般在 1 000~7 000 m 范围内;高空无人机任务高度一般在 7 000~18 000 m 范围内;超高空无人机任务高度一般大于 18 000 m。

图 1.8　可远程搜集情报隐形无人机(由美国研制)

　　(4) 按用途,无人机可分为军用无人机和民用无人机。军用无人机可分为侦察无人机、诱饵无人机、电子对抗无人机、通信中继无人机、无人战斗机以及靶机等;民用无人机可分为巡查/监视无人机、农用无人机(如图 1.9 所示)、气象无人机、勘探无人机以及测绘无人机等。

图 1.9　农用植保无人机

　　(5) 按飞行平台气动布局,无人机可分为固定翼无人机、旋翼无人机、无人飞艇、扑翼无人机、复合式布局无人机等。其中,从气动角度考虑,固定翼无人机(如图 1.10 所示)飞行时靠动力装置产生前进的推力或是拉力,产生升力的主翼面相对于机身固定不变,主要有常规布局、鸭式布局、无尾或者飞翼布局、三翼面布局等形式。

图 1.10　"黑寡妇"无人机

图 1.10 所示为由美国航空环境公司(AeroVironment)研制的"黑寡妇"(Black Widow)固定翼微型无人机,其翼展 15 cm,重 56.7 g,任务载荷 7 g,航程 3 km,飞行速度 69 km/h,室外续航时间 20 min,公司的目标是室外续航时间最终达到 1 h。动力装置采用的是电动机,锂电池供电,双叶螺旋桨驱动。任务载荷为黑白摄像机以及下行传输链路。发射和回收方式为气压式弹射发射,滑翔降落。这架无人机是 1996 年按照美国国防预研局要求研制,当年进行气动布局和构造选型时,不带任务载荷的原型机在年底试飞了 2 min;1997 年经过改进后的机型巡航时间达到了 16 min;直至 1999 年 3 月,该机的续航时间达到了 20 min,创造了本级别飞行器的多项记录。飞行试验表明,黑寡妇的隐蔽性很好,很难看见或听到它,其电动机的声音比鸟叫声还要小很多,因此人们无法确定它的方位。

图 1.11 所示为法国"雀鹰"B 无人机,是典型的鸭式布局无人机。该款无人机是 2006 年由法国萨热姆公司正式推出的,是在"雀鹰"A 无人机的基础上改进而来。与 A 型相比,"雀鹰"B 的突击攻击能力更强且机翼更大更坚固,可携带更多的有效载荷,并且飞行距离更远,续航能力也更强,可达到 12 h。更重要的一点是,"雀鹰"B 可以携带制导武器对敌进行攻击。

图 1.11　法国"雀鹰"B 无人机

图 1.12 所示为蝠鲼无人机,是飞翼布局无人机。该款无人机是我国天津全华时代航天科技发展有限公司自主研发的。它的特点如下:配置简单,部署灵活,智能化程度高,具有一键式发射/回收/控制的功能,操作简便,性价比高,易于维护,使用成本低。这款无人机尺寸为机身长 1 280 mm×翼展 1 800 mm×机高 393 mm,最大起飞质量 12 kg,最大有效载荷 3.5 kg,巡

图 1.12　蝠鲼无人机

航速度 100 km/h,续航时间为 4 h,具有多种起降方式(车载起飞/伞降/气囊减震)。蝠鲼无人机具有汽油发动机装置,能连续采集大范围、高精度遥感数据,可搭载各种数码相机进行航拍,还可以搭载小型摄像云台等载荷,可用于侦察、巡逻、灾情监测、海岸缉私等活动,甚至可以改造为军用低速靶机。

旋翼类无人机产生升力的旋翼桨叶在飞行时相对于机身是旋转运动的。旋翼类无人机分为无人直升机、多旋翼无人机和无人旋翼机,其中前两种形式的无人机旋翼由动力装置直接驱动,可以垂直起降和悬停,无人旋翼机的旋翼则是无动力驱动的。

图 1.13 所示为曙光 5-A-01 伞降无人直升机,是一款单旋翼无人直升机。这架无人机的尺寸为机身长 2 620 mm×机身宽 296 mm×机身高 990 mm,装配了 2 台涡轮轴发动机,飞行高度可以达到 7 km,空机质量 38 kg,最大起飞质量 80 kg,续航时间 1.5 h。该机使用独特设计的"降落伞应急故障安全系统",遇到突发事件时可以有效实现无人机伞降。

图 1.13 曙光 5-A-01 伞降无人直升机

图 1.14 所示为"海鸥"共轴式无人直升机,是北京航空航天大学研制的多用途小型无人直升机。该研发团队是在总设计师胡继忠教授的领导下开展研制工作的。该型机于 1995 年首飞成功,是我国所有大学中首次研制成功的无人驾驶直升机,填补了我国直升机领域内的又一项空白。

图 1.14 "海鸥"无人直升机

"海鸥"的布局为共轴反桨,采用该种形式布局的优点是:尺寸小、结构紧凑,可在较小的陆地和甲板上起飞和降落,因此在陆地和海上运载方便。该机机体为轴对称椭球体,无尾翼。机上有两组转向相反的旋翼,产生的扭矩相互平衡。飞行中气流对称,悬停和中速飞行效率高,易于操纵,不存在来自尾桨的故障。

扑翼类无人机靠机翼像小鸟的翅膀一样上下扑动来获取升力和动力,适合于小型和微型的无人机。

复合式布局无人机由基本布局类型组合而成,主要包括倾转旋翼无人机和旋翼/固定翼无人机。

图 1.15 所示为"鹰眼"倾转旋翼无人机,是一款复合式布局无人机,由单发重油发动机提供动力驱动双螺旋桨/旋翼的飞行器,发射和回收方式为垂直或短距起飞,垂直着陆。美国波音公司与贝尔直升机公司 1986 年开始合作设计研究垂直/短距起飞无人机,利用 V-22 飞机的倾斜旋翼技术产生了 D-340"瞄准手"(Pointer)飞行验证机,1988 年 11 月首次试飞。但在 1989 年 9 月该机经过 12.5 h 的试飞和 40 h 的风洞试验后,双方结束了合作伙伴关系。"鹰眼"无人机最初由贝尔设计,用于海军炮火支援、战斗毁损评估、超视距导向目标、通信和数据中继及电子对抗。

图 1.15　"鹰眼"倾转旋翼无人机

"鹰眼"倾转旋翼无人机的翼展约 4.63 m,质量为 1 293 kg,可以 64 km/h 的速度飞行 30~60 min。"鹰眼"大约在 2006 年进入现役,它的升限是 20 000 英尺(约合 6 096 m),续航时间约为 5 h。装备有搜寻海上目标的摄像机、雷达或其他传感器。与传统的有人驾驶飞机相比,它们的采购、维护和运营成本都要低得多。据军方估计,一架"鹰眼"无人机的成本为 250 万~300 万美元。无人机可以从海岸警备队的巡逻舰上发射,通过舰载工作站或地面工作站进行控制。"鹰眼"垂直起飞与着陆无人机是一种成本低、收益高的无人机系统,可实时搜集重要的情报,监视和侦察信息,支持封锁系统,使美国海岸警卫队能对许多重要任务作出响应。

1.2　无人机的发展历程和趋势

无人机最早出现在 20 世纪 20 年代。1914 年第一次世界大战正进行得如火如荼,英国的两位将军卡德尔和皮切尔向英国军事航空学会提出了一项建议:研制一种不用人驾驶,而用无线电操纵的小型飞机,使它能够飞到敌方某一目标区上空,将事先装在小飞机上的炸弹投下去。这种大胆的设想立即得到时任英国军事航空学会理事长戴·亨德森爵士的赏识。他指定由 A.M.洛教授率领一班人马进行研制,但由于技术问题,研制试验最终失败了。

1916 年,美国的 Sperry 父子(Elmer Sperry 和 Lawrence Sperry)发明了一种陀螺仪,可代

替飞行员来稳定飞机——这被称为"姿态控制"的开始,进而促使了自动驾驶技术的实现。1917 年 12 月,世界上第一架无人机由 Sperry 父子研制成功,并被命名为"空中鱼雷",如图 1.16 所示。Sperry 父子操控着这架无人机飞行了超过 30 英里(约合 48.27 km)。但是,由于其工程技术并不成熟,故在两次世界大战中,无人机并没有得到实际应用。

图 1.16 世界上第一架无人机——"空中鱼雷"

直到 20 世纪 40—50 年代,无人机才得到了较为广泛的应用,主要作为靶机供军方使用。20 世纪 60 年代后,美国出于冷战的需要,将无人机的研究重点归于军事侦察方面,研制了无人侦察机"火蜂",如图 1.17 所示。到越南战争结束以后,美国才转而开始研制尺寸更小、成本更低廉的无人机,这使得以侦察为主的无人机技术在 20 世纪 80 年代后得到了迅速发展。

在 1991 年的波斯湾战争中,美国将无人机用于实战。在此之后,无人机的军事应用得

图 1.17 "火蜂"无人侦察机

到了快速发展,其中最著名的无人机当属美国的"捕食者",如图 1.18 所示。2001 年 10 月 17 日,在阿富汗战场上,美国首次使用"捕食者"无人机发射"海尔法"导弹,成功摧毁了塔利班的一辆坦克,也开启了无人机直接作战的时代。同时,军用无人机也开始成体系地建设、发展。

图 1.18 "捕食者"无人机

进入 21 世纪以来,随着无人机研制技术进一步的发展,无人机在民用领域得到了广泛应

用并逐步形成产业。现在,无人机已经深入人类生活和生产的各个方面,并出现了一些创新性的应用。自 2008 年汶川地震以来的每一次地震灾害,轻小型无人机遥感均表现出轻便、快速的特质,为救灾减灾及时提供了重要的高分辨率影像数据。同时,农用无人机利用搭载的高精度摄像机,实现对农作物生长以及周围土壤、水分等环境的实时监测,并据此播种、浇水、施肥、喷洒农药等。此外,还可通过无人机的航测航探发现矿藏和其他资源,并随时检测当地的地质状况,指导矿产资源的开采。在日常使用中,无人机可以对公路、铁路、高压电线和油气管路等重要公共设施进行巡查,减少事故发生。

1.3　无人机的应用现状

作为科技发展的新宠儿,无人机的应用价值日益凸显。无论是在国内还是在国外,无论是在军事范畴还是在日常生活中,无人机的身影随处可见。下面从军用无人机、民用无人机两个方面介绍当前无人机应用的现状。

1.3.1　军用无人机

如今,军用无人机研制技术水平最高的国家当属美国,从微型无人机"龙眼""大黄蜂",轻小型无人机"扫描鹰",中型无人机"死神""捕食者"到大型无人机"全球鹰",无一不显示出美国在军用无人机研制领域的领导地位。据悉,在未来的 10 年内,美国欲将空军有人战斗机缩减 40%,将军用无人机的数量在现有基础上增加 4 倍。

下面就来介绍几款典型的美国军用无人机。

1. "大黄蜂"无人机

"大黄蜂"无人机(如图 1.19 所示)是由美国国防部高级研究计划局(DARPA)赞助,由美国航空环境公司研制的微型无人机小型系列之一,机身长 23 mm(0.9 英寸),为手抛式、水平着陆型无人机。这款无人机可以配备综合光电摄像设备,并与红外成像仪更换使用,能够全天候执行 4.8 km 范围内的低空侦察和监视任务,续航时间为3～5 h。

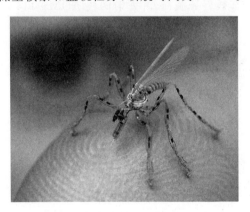

图 1.19　"大黄蜂"无人机

2. "扫描鹰"无人机

"扫描鹰"无人机(如图 1.20 所示)为弹射起飞、空中天钩回收式小型无人机。它由波音公司与英国因斯特公司联合研制,全系统包括两架无人机、一个地面或舰上控制工作站、通信系统、弹射起飞装置、空中阻拦钩回收装置以及运输贮藏箱。无人机机身长 1.22 m,翼展 3.05 m,全重 15 kg,最大飞行速度 70 n mile/h(约合 129.64 km/h),续航时间 15~48 h,最大飞行高度 4.9 km。该无人机可将机翼折叠后放入运输贮藏箱,从而降低了运输的难度,提高了战术部署能力。机上的数字摄像机可以 180°自由转动,具有全景、倾角、放大等摄录模式,也可装载惯性稳定平台的光电/红外摄像机进行夜间侦察或集成其他传感器。

图 1.20　"扫描鹰"无人机

据悉,美军计划将"扫描鹰"无人机部署到反美武装经常活动地区上空进行巡回侦察,并将图像实时发送到附近美军士兵的计算机,同时还可发送到地面控制站供情报人员分析、判读。它可以单独使用,也可以成群部署。此外,它还能作为一个多通道数据链,提供数据或通信中继,发挥一颗小卫星的作用。

3. MQ 系列无人机

MQ - 1"捕食者"无人机(如图 1.21 所示)是一款"中海拔、长时程"(MALE)无人机,可采用软式着陆或降落伞紧急回收。该机机身长 8.27 m,翼展 14.87 m,最大活动半径 3 700 km,最大飞行时速为 240 km/h,在目标上空留空时间为 24 h,最长续航时间 60 h。作为侦察机,该机装有光电/红外侦察设备、GPS 导航设备和具有全天候侦察能力的合成孔径雷达,在 4 000 km 高空分辨率为 0.3 m,对目标定位精度为 0.25 m。同时 MQ - 1"捕食者"无人机还可以携带 450 磅(约合 204.12 kg)的有效任务载荷,并发射两枚 AGM - 114"地狱火"飞弹。

图 1.21　MQ - 1"捕食者"无人机

MQ - 9"死神"无人机(如图 1.22 所示)为 MQ - 1"捕食者"无人机的升级版,是一种极具杀伤力的新型无人作战飞机。该机翼展长为 20 m,空载质量为 1 360 kg,最大飞行速度为 460 km/h,巡航飞行高度为 15 000 m(空载)/9 000 m(满载)。

图 1.22　MQ－9"死神"无人机

MQ－9"死神"无人机全机具有 7 个外挂点,配挂多种武器并装有光电/红外任务载荷、激光目标指示器、激光照射器以及合成孔径雷达。同时,该型无人机还可以携带 4 枚 500 磅(约合 226.80 kg)或者 8～10 枚 250 磅(约合 113.40 kg)弹药。其主要任务是为地面部队提供近距空中支援,也可在山区和危险地区执行持久的情报监视与侦察(ISR)任务。此外,MQ－9"死神"无人机还可为空中作战中心和地面部队收集、传输动态图像,帮助地面部队选择合适的装备进行作战,并可根据实际需要随时开火。

2007 年 9 月 27 日,美国空军首架 MQ－9"死神"无人机被派往阿富汗执行作战任务。同年 10 月 27 日、11 月 6 日,其分别向阿富汗武装分子发射了一枚"海尔法"空地导弹、一组激光制导炸弹。截至 2008 年 3 月,美军利用 MQ－9"死神"无人机搭载"海尔法"空地导弹和 500 磅(约合 226.80 kg)激光制导炸弹对阿富汗境内 16 个目标实施了打击。

4. "全球鹰"无人机

"全球鹰"无人机(如图 1.23 所示)被美国官方誉为"持久自由"行动的图像信息处理器,其高空长航时的性能对于作战而言至关重要。该机支持视距和超视距操作,可向美国空军分布式通用地面站和包括陆军战术开发系统在内的其他节点发送数据。"全球鹰"无人机有 RQ－4A 和 RQ－4B 两种基本机型,其中:RQ－4A 无人机装有光电、红外和合成孔径雷达传感器;部分 RQ－4B 无人机装有战场机载通信节点,并配置多平台雷达技术嵌入计划的任务载荷,或者装配高分辨率合成孔径雷达、远距高清相机、地面移动目标指示器等设备。

图 1.23　"全球鹰"无人机

从服役开始,"全球鹰"无人机的表现就让美军十分满意。它在"持久自由"行动中的使用非常成功。"全球鹰"无人机的突出表现证明其作为一种高空长航时的侦察和监视平台的重要价值。现在,"全球鹰"的飞行高度可达近 20 000 m,最大航程大于 22 000 km,可实现飞行2 000 km 抵达战区,之后在战区上空滞留 24 h 再返回基地。

1.3.2　民用无人机

随着无人机研制技术的不断成熟,其制造成本和使用门槛也不断降低,世界各国都在拓展民用无人机的应用范围。下面介绍民用无人机的几个常用领域。

1. 农用作业

世界上第一台农用无人机出现在 1987 年,Yamaha 公司受日本农业部委托,研制出 20 kg 级喷农药无人机"R-50"。经过 30 多年的发展,目前日本拥有 2 346 架已注册农用无人直升机,操作人员 14 163 人,成为世界上农用无人机第一大国。图 1.24 所示为常见的两款农用无人机,正在为植被喷药、浇水。

图 1.24　农用无人机喷洒农药

2. 环境监测

2015 年 3 月下旬,我国环境保护部组织 10 个督查组在京津冀及周边地区开展大气污染防治专项执法督查,安排无人机对重点地区进行飞行检查。无人机已经越来越频繁地被用于大气污染执法。从 2013 年 11 月起,环保部门开始使用无人机航拍,对钢铁、焦化、电力等重点企业排污、脱硫设施运行等情况进行直接检查。2014 年以来,我国多省份使用无人机进行大气污染防治的执法检查,以实现更有效的监管。

3. 新闻报道

在 2013 年四川芦山地震抗震救灾中,央视新闻就采用某款自主研发的无人机拍摄了灾区的航拍视频。救灾人员无法抵达的地方,无人机轻松穿越,在监测山体、河流等次生灾害的同时,还能利用红外成像仪在空中搜寻受困人员。2015 年,美国有线电视新闻网络(CNN)获得由美国联邦航空管理局(FAA)颁发的牌照,将测试配备摄像头、用于新闻报道的无人机。

4. 航拍摄影

随着民用无人机的快速发展,广告、影视、婚礼视频记录等越来越多地开始使用无人机。纪录片《飞越山西》超过三分之二的镜头由航拍完成,其中许多镜头由无人机拍摄。2014 年年底,在第二届英国伦敦华语电影节上,《飞越山西》获得最佳航拍纪录片特别奖和最佳航拍摄影奖两项大奖。该片拍摄时规划并执行无人机拍摄点近 300 个,许多近景由无人机拍摄完成,获得了意想不到的绝佳效果。

图 1.25 所示为一架四旋翼轻小型无人机,其下方安装了高速摄像机,主要用于航拍。

5. 保护野生动物

位于荷兰的非营利组织"影子视野基金会"使用经过改装的无人飞行器为保护濒危物种提

图 1.25　用于航拍的无人机

供关键数据,其飞行器已在非洲广泛投入使用。经过改良的无人机还能够被应用于反偷猎巡逻。英国自然保护慈善基金——皇家鸟类保护协会也越来越多地将无人机应用于鸟类及其自然栖息地的保护工作。

1.4　无人机的任务载荷

无人机的任务载荷是无人机系统的重要组成部分,主要是指无人机上为完成任务而安装的设备,包括执行电子战、侦察和武器运输等任务所需的设备,如信号发射机、传感器等,但不包括飞行控制设备、数据链路和燃油等。

无人机根据用途和类型的不同,需要设置不同的任务载荷,甚至根本不需要任务载荷,如军事用途无人靶机、诱饵无人机、校射引导无人机等就是不需要任务载荷的。大多数攻击型无人机(执行攻击型任务,如电子战、弹药火力战)和用途广泛的侦察型无人机(执行非攻击型任务,如侦察、战况评估、警戒、目标跟踪、监视等任务)上装备的任务载荷种类还是比较多的。图 1.26 和图 1.27 所示分别为用于植物荧光探测的高光谱相机和 VNIR/NIR 高光谱相机。

图 1.26　植物荧光探测高光谱相机

侦察型无人机所用任务载荷一般有光学照相机、光电/红外传感器(包括电视摄像机、红外行扫描器、前视红外、红外热像仪、红外摄像机等)、合成孔径雷达以及激光雷达等。

攻击型无人机须同时装载监视侦察类和武器类任务载荷。武器类任务载荷主要有反辐射超小型高能战斗部、非动能或混合型战斗部(如固态高能激光、大功率定向微波)、小型机载精确制导武器、自动纠风偏的撒布器等。

由于无人机的应用越来越广泛,其上装载的任务载荷种类也越来越多,从最初的照相机发

图 1.27 无人机用 VNIR/NIR 高光谱相机

展到电视摄像机、红外前视,再到合成孔径雷达、生化探测器等。

对于各类任务载荷的研究目标主要是使其小型化、轻型化、模块化、低功耗、低成本以及多用途,甚至能够实现即插即用等。例如:美国夜视与电子传感器局希望开发出最大功率小于 0.5 W、质量小于 50 g、尺寸为 3 cm×4 cm×5 cm 的热像仪;麻省理工大学在 2008 年就在研制质量不到 1 g、尺寸仅有 12 mm×8.5 mm 的硅 CCD 传感器;美国陆军导弹研发与工程制造中心对装载到其微型无人机上的图像传感器要求最大功耗不超过 2 W、质量不超过 150 g。这些特性的实现都需要依赖微电子技术、微机械技术的发展。

随着科学技术的发展,现在有些设备已经很少装备到无人机上了,如光学照相机、红外行扫描器等,正逐渐被摄像机和红外前视代替,形成多任务电光探测系统。武器精确制导的激光测距器/照射器设备也被使用,使载荷具有目标瞄准功能,从而使无人机能执行目标攻击任务。更多新型任务载荷还在研制中,如合成孔径雷达和毫米波雷达之类的有源成像探测。

下文将具体介绍几种常见的任务载荷:

1. 光电摄像机

光电智能透雾摄像机(如图 1.28 所示)通过电子设备的转动、变焦和聚焦来成像,在可见光谱中工作,所生成的图像形式包括全活动视频、静止图片或二者的合成。大多数小型无人机的光电摄像机使用窄视场到中视场镜头。大型无人机的摄像机使用宽视场或超宽视场传感器。光电传感器可执行多种任务,还可与其他不同类型的传感器结合使用,以生成合成图像。光电摄像机大多在昼间使用,以便大幅提高视频质量。

图 1.28 光电智能透雾摄像机

2. 红外摄像机

红外摄像机在红外电磁频谱范围内工作。其中的核心部件红外传感器也称为前视红外传感器,利用红外或热辐射成像。无人机使用的红外摄像机分为两类,即冷却式和非冷却式。现代冷却式摄像机由低温制冷器制冷,可将传感器温度降至低温区域,这种系统可利用热对比度较高的中波红外波段工作。冷却式摄像机的探头通常装在真空密封盒内,需要额外功率进行冷却。总而言之,冷却式摄像机拍摄图像的分辨率比非冷却式摄像机的分辨率要高。

非冷却式摄像机传感器的工作温度与工作环境温度持平或略低于环境温度,当受到探测到的红外辐射加热时,传感器通过所产生的电阻、电压或电流的变化工作。非冷却式传感器的设计工作波段为 7～14 nm 的长波红外波段。在此波段上,地面温度目标辐射的红外能量最大。

3. 激光测距仪

图 1.29 激光测距仪

激光测距仪(如图 1.29 所示)利用激光束确定到目标的距离。激光指示器利用激光束照射目标。激光指示器发射不可视编码脉冲,脉冲从目标反射回来后由接收机接收。然而,利用激光指示器照射目标的方法存在一定的不足,如果大气不够透明(如下雨、多云、有尘土或有烟雾),则会导致激光的精确度欠佳。此外,激光还可能被特殊涂层吸收,或不能正确反射,或根本无法发射(例如照到玻璃上)。

习 题

1-1 世界上第一架无人机是何时,由何人研制成功的?

1-2 根据无人机的定义,简述无人机的特点,分析无人机相较于一般飞机的优势。

1-3 按照气动布局分类,无人机可以分成哪几类?

1-4 无人机由于执行任务不同,其任务载荷也千差万别,请简述无人机任务载荷的类型以及关键参数。

1-5 本章介绍了多款无人飞机,结合你之前了解的其他无人机型号,请选择你最感兴趣的一款,简述其气动布局、飞行参数以及任务载荷等。

第 2 章 气象条件

2.1 大气与标准大气

2.1.1 大 气

大气是包围整个地球的气体总称,根据海拔高度的不同,大气主要分为四层,分别为对流层、平流层、中间层、电离层以及外层,如图 2.1 所示。

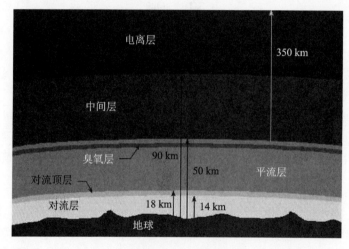

图 2.1 大气层

1. 对流层

对流层是指从海平面向上延伸约 17 km(以赤道上为标准,如果以中纬度和高纬度为标准,对流层厚度约为 8~12 km)范围内的空气,位于大气的最底层,却包含了地球上 75% 的空气以及 90% 的水汽,且越接近地面,水汽含量越高。对流层是对流(热空气上升,冷空气下降)最旺盛的区域,也是天气现象发生的地方。

对流层的英文"Troposphere"的字首,是由希腊语"Tropos"(意即"旋转"或"混合")引申而来。正因对流层是大气层中湍流最多的一层,大型飞机大多会飞越此层顶部(即对流层顶)以避开影响飞行安全的气流。

对流层有如下特点:

(1)温度随高度的增加而降低:这是因为该层不能直接吸收太阳的短波辐射,但能吸收地面反射的长波辐射而从下垫面加热大气。因而靠近地面的空气受热多,远离地面的空气受热少。每升高 1 km,气温下降约 6.5 ℃。图 2.2 所示为对流层大气受热过程示意图。

(2)空气对流:因为岩石圈与水圈的表面被太阳晒热,而热辐射将下层空气烤热,冷热空气发生垂直对流,又由于地面有海陆之分,昼夜之别以及纬度高低之差,因而不同地区温度也有差别,这就形成了空气的水平运动。

（3）温度、湿度等各要素水平分布不均匀:大气与地表接触,水蒸气、尘埃、微生物以及人类活动产生的有毒物质进入空气层,故该层中除气流做垂直和水平运动外,化学过程十分活跃,并伴随气团变冷或变热,水汽形成雨、雪、雹、霜、露、云、雾等一系列天气现象。

2. 平流层

平流层(如图 2.3 所示)又称臭氧层、同温层,是大气层的第二层,距地表 17～48 km(以赤道上方为标准)。平流层的特点是温度随高度增加而升高,因此空气特别稳定,不易产生对流,大气运动大多数是水平方向的,因此称为平流层。在平流层的底部有一层臭氧气体,可过滤阳光中大部分有害的紫外辐射,保护陆地上与水生系统表层中的生命得以生存。这一层基本没有水汽,晴朗无云,很少发生天气变化,适于飞机航行。

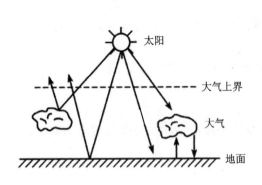

图 2.2　对流层大气受热过程

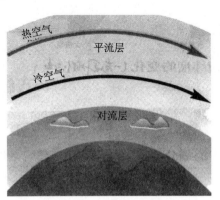

图 2.3　平流层大气特点

3. 中间层

中间层(Mesosphere)又称中层。自平流层顶到 85 km 之间的大气层。该层内因为臭氧含量低,同时能被氮、氧等直接吸收的太阳短波辐射大部分已经被上层大气所吸收,所以温度垂直递减率很大,对流运动强盛。中间层顶附近的温度约为 190 K;空气分子吸收太阳紫外辐射后可发生电离,习惯上称为电离层的底层;有时在高纬度地区夏季黄昏时有夜光云出现。

4. 电离层

电离层(Ionosphere)又称暖(热)层(Thermosphere),是地球大气的一个电离区域。60 km 以上的整个地球大气层都处于部分电离或完全电离的状态,电离层是部分电离的大气区域,完全电离的大气区域称为磁层。也有人把整个电离的大气称为电离层,把磁层看作电离层的一部分。除地球外,金星、火星、木星都有电离层。

电离层的特性主要用电子密度、电子温度、碰撞频率、离子密度、离子温度和离子成分等空间分布的基本参数来表示。电离层的研究对象主要是电子密度随高度的分布。电子密度(或称电子浓度)是指单位体积的自由电子数,随高度的变化与各高度对应的大气成分、大气密度以及太阳辐射通量等因素有关。电离层内任一点上的电子密度,取决于上述自由电子的产生、消失和迁移三种效应。在不同区域,三者的相对作用和各自的具体作用方式也有很大差异。

5. 外　层

外层(Exosphere)又名散逸层,热层顶以上是外大气层,延伸至距地球表面 1 000 km 处。

这里的温度很高,可达数千度。大气极其稀薄,其密度为海平面处空气密度的$1/10^{16}$。外大气层也叫磁力层,它是大气层的最外层,是大气层向星际空间过渡的区域,向外没有明显的边界。通常情况下,上部界限在地磁极附近较低,近磁赤道上空在向太阳一侧,高度约为地球半径的$9\sim10$倍,换句话说,高度约为 65 000 km。

2.1.2 标准大气

标准大气(standard atmosphere),又称"参考大气(reference atmosphere)",是一种能够反映某地区(如中纬度)垂直方向上气温、气压、湿度等近似平均分布的模式大气。

假定大气是静止的、干洁的理想气体,那么在给定海平面气温、气压、密度以及温度随高度变化的廓线条件下,可以由流体静力学方程和气体状态方程计算得到各个高度的温度、气压和密度的数据。另外,在标准大气中还对各个高度上大气的成分、标高、重力加速度、空气质点数密度、质点平均速度、平均碰撞频率、平均自由程、平均分子量、声速、黏滞系数、热传导率等有所规定。它可作为压力测高表校准、航空器性能计算、飞机和火箭设计、弹道查算表和气象图表制作的依据。

中国国家标准规定的标准大气压,采用海平面温度为 15 ℃ 或 288.15 K,气压为 101.325 kPa,密度为 1.225 0 kg/m³。

(1) 对流层

在对流层,即 11 km(以中纬度地区的平均高度为标准)以下,高度每增高 100 m,温度降低 0.65 ℃。因此,在海拔高度 h 处,气温是

$$T=288.15-0.006\,5h$$

压强为(其中下标 0 表示 $h=0$ km)

$$p_h=\left(\frac{T_h}{T_0}\right)^{5.255}\cdot p_0$$

密度为(其中下标 0 表示 $h=0$ km)

$$\rho_h=\left(\frac{T_h}{T_0}\right)^{4.255}\cdot \rho_0$$

(2) 平流层

在平流层,即 $11\sim20$ km,温度保持-56.5 ℃ 或者 216.65 K,即

$$T=216.65\,\text{K}=常数$$

压强为(其中下标 11 表示 $h=11$ km)

$$p_h=e^{-\frac{h-11\,000}{6\,341.62}}\cdot p_{11}$$

密度为(其中下标 11 表示 $h=11$ km)

$$\rho_h=e^{-\frac{h-11\,000}{6\,341.62}}\cdot \rho_{11}$$

(3) 平流层以上区域

在 $20\sim32$ km 高度范围内,每上升 1 km,温度上升 1 ℃,即

$$T=216.65+0.001(h-20\,000)$$

压强为(其中下标 0 表示 $h=0$ km)

$$p_h=\left(\frac{T_h}{216.65}\right)^{-34.163}\cdot p_0$$

密度为(其中下标 0 表示 $h = 0$ km)

$$\rho_h = \left(\frac{T_h}{216.65}\right)^{-35.163} \cdot \rho_0$$

图 2.4 给出了标准大气的温度 T、压强 p 以及密度 ρ 随高度的变化曲线。

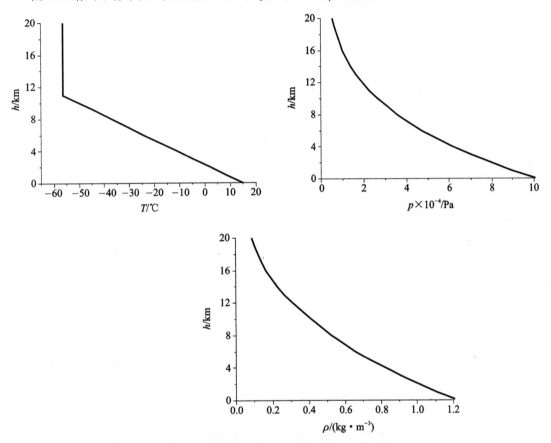

图 2.4　标准大气的温度 T、压强 p 以及密度 ρ 随高度的变化曲线

表 2.1 给出了随高度变化到 32 km 的大气参数(温度、压强、密度、比热容以及黏性)。

表 2.1　标准大气参数

h/km	T/K	$p \times 10^{-4}/\text{Pa}$	$\rho/(\text{kg} \cdot \text{m}^{-3})$	$c/(\text{m} \cdot \text{s}^{-1})$	$\mu \times 10^{5}/(\text{Pa} \cdot \text{s})$
0	288.15	10.132	1.225	340.29	1.789
1	281.65	8.987	1.111	336.43	1.757
2	275.15	7.949	1.006	332.53	1.726
3	268.65	7.010	0.909	328.58	1.693
4	262.15	6.164	0.819	324.58	1.661
5	255.65	5.401	0.736	320.53	1.628
6	249.15	4.718	0.659	316.43	1.594
7	242.65	4.106	0.589	312.27	1.560

h/km	T/K	$p\times10^{-4}/\text{Pa}$	$\rho/(\text{kg}\cdot\text{m}^{-3})$	$c/(\text{m}\cdot\text{s}^{-1})$	$\mu\times10^{5}/(\text{Pa}\cdot\text{s})$
8	236.15	3.560	0.525	308.06	1.526
9	229.65	3.074	0.466	303.79	1.492
10	223.15	2.643	0.412	199.46	1.457
11	216.65	2.263	0.363	295.07	1.421
12	216.65	1.933	0.310	295.07	1.421
13	216.65	1.651	0.265	295.07	1.421
14	216.65	1.410	0.226	295.07	1.421
15	216.65	1.204	0.193	295.07	1.421
16	216.65	1.028	0.165	295.07	1.421
17	216.65	0.878	0.141	295.07	1.421
18	216.65	0.750	0.120	295.07	1.421
19	216.65	0.641	0.103	295.07	1.421
20	216.65	0.547	0.088	295.07	1.421
22	218.65	0.399	0.063	296.43	1.432
24	220.62	0.293	0.046	297.78	1.443
26	222.65	0.215	0.033	299.13	1.454
28	224.65	0.158	0.024	300.47	1.465
30	226.65	0.117	0.018	301.80	1.476
32	228.65	0.086	0.013	303.13	1.486

2.2　风、雨、雪、雷电天气

2.2.1　风

　　风是空气流动形成的一种自然现象,它是由太阳辐射热引起的。太阳光照射在地球表面上,使地表温度升高,地表的空气受热膨胀变轻而往上升。热空气上升后,低温的冷空气横向流入,上升的空气因逐渐冷却变重而降落,地表温度较高又会加热空气使之上升,这种空气的流动就产生了风或气旋(如图 2.5 和图 2.6 所示)。

　　同时,地球上的风还与水源有关,风是由水与水蒸气的胀缩而产生。风由大海吹向陆地,或由陆地吹向大海。在夏天,地面上温度高,空气、水蒸气膨胀上升,海面温度低,空气收缩,要由海面比重大的空气、水蒸气补充地面空气空间;在冬天,海面温度高,海面空气上升,地面温度低,空气比重大,要由地面上温度高、膨胀上升的空气、水蒸气补充海面空气空间。

　　从科学的角度来看,风常用空气的水平运动分量来说明,包括方向和大小,即风向和风速。但对于飞行来说,还包括垂直运动分量,即所谓垂直或升降气流。大风可移动物体以及物体(物质质量)方向。

图 2.5　强热带气旋

图 2.6　"龙吸水"现象

　　根据风对地面上的物体所引起的现象将风的大小分为 13 个等级,称为风力等级,简称风级。人们平时在天气预报中听到的"东风 3 级"等说法指的是"蒲福风级"。"蒲福风级"是英国人蒲福(Francis Beaufort)于 1805 年根据风对地面(或海面)物体影响程度而定出的风力等级,(如表 2.2 所列),分为 0～17 级。

表 2.2　风力等级

风级	风的名称	风速/(m/s)	风速/(km/h)	陆地上的状况	海面现象
0	无风	0～0.2	小于 1	静,烟直上	平静如镜
1	软风	0.3～1.5	1～5	烟能表示风向,但风向标不能转动	微浪
2	轻风	1.6～3.3	6～11	人面感觉有风,树叶有微响,风向标能转动	小浪
3	微风	3.4～5.4	12～19	树叶及微枝摆动不息,旗帜展开	小浪
4	和风	5.5～7.9	20～28	吹起地面灰尘纸张和地上的树叶,树的小枝微动	轻浪
5	劲风	8.0～10.7	29～38	有叶的小树枝摇摆,内陆水面有小波	中浪

风 级	风的名称	风速/(m/s)	风速/(km/h)	陆地上的状况	海面现象
6	强风	10.8～13.8	39～49	大树枝摆动,电线呼呼有声,举伞困难	大浪
7	疾风	13.9～17.1	50～61	全树摇动,迎风步行感觉不便	巨浪
8	大风	17.2～20.7	62～74	微枝折毁,人向前行感觉阻力甚大	猛浪
9	烈风	20.8～24.4	75～88	建筑物有损坏(烟囱顶部及屋顶瓦片移动)	狂涛
10	狂风	24.5～28.4	89～102	陆上少见,见时可使树木拔起将建筑物损坏严重	狂涛
11	暴风	28.5～32.6	103～117	陆上很少,有则必有重大损毁	风暴潮
12	台风,又名"飓风"	32.6～36.9	118～133	陆上绝少,其摧毁力极大	风暴潮
13	台风	37.0～41.4	134～149	陆上绝少,其摧毁力极大	海啸
14	强台风	41.5～46.1	150～166	陆上绝少,其摧毁力极大	海啸
15	强台风	46.2～50.9	167～183	陆上绝少,其摧毁力极大	海啸
16	超强台风	51.0～56.0	184～202	陆上绝少,范围较大,强度较强,摧毁力极大	大海啸
17	超强台风	≥56.1	≥203	陆上绝少,范围最大,强度最强,摧毁力超级大	特大海啸

2.2.2 雨

雨是一种自然现象,是从云中降落到地面的水滴。陆地和海洋表面的水受到太阳光的照射之后,蒸发变成水蒸气,到空气中去。水蒸气上升到一定高度之后遇冷液化成小水滴。这些小水滴都很小,直径只有 0.01～0.02 mm,最大也只有 0.2 mm。它们又小又轻,被空气中的上升气流托在空中,就是这些小水滴在空中聚成了云。随着这些水滴不断增大,当它大到空气托不住的时候,就从云中落了下来,形成了雨。当这些小水滴变成雨滴降到地面时,其体积要增大 100 多万倍(如图 2.7 所示)。

图 2.7 雨 水

水滴增大主要依靠两种手段:

(1) 凝结和凝华增大。

(2) 依靠云滴的碰撞并增大。

在雨滴形成的初期,云滴主要依靠不断吸收云体四周的水汽来使自己凝结和凝华。如果云体内的水汽能源源不断得到供应和补充,使云滴表面经常处于过饱和状态,那么,这种凝结过程将会继续下去,使云滴不断增大,成为雨滴。但有时云内的水汽含量有限,在同一块云里,水汽往往供不应求,这样就不可能使每个云滴都增大为较大的雨滴,有些较小的云滴只好归并到较大的云滴中去。

如果云内出现水滴和冰晶共存的情况,那么,这种凝结和凝华增大过程将大大加快。当云中的云滴增大到一定程度时,由于大云滴的体积和质量不断增加,它们在下降过程中不仅能赶上那些速度较慢的小云滴,而且还会"吞并"更多的小云滴而使自己壮大起来。当大云滴越长越大,最后大到空气再也托不住它时,便从云中直落到地面,成为我们常见的雨水。

雨的成因多种多样,它的表现形态也各具特色,通常以下面四种形式出现:

① 锋面雨(梅雨):来自海洋的暖湿气流与来自陆地的冷空气相遇,由于冷空气重,暖空气轻,暖湿气流被迫上升,遇冷凝结,形成一条很长很宽的降雨带,这就是锋面雨。

② 对流雨:夏季在强烈的阳光照射下,局部地区暖湿空气急剧上升,遇冷凝结,形成降雨,这就是对流雨,气象学上叫"雷阵雨",也叫"爆天"。另外,台风雨也是属于对流雨的一种。

③ 地形雨:来自海洋的暖湿气流,遇到山脉,被迫上升,遇冷凝结,形成降雨。

④ 台风雨:热带洋面上的湿热空气大规模强烈地旋转上升。在上升过程中,气温迅速降低,水汽大量凝结成云雨,这就是台风雨。

根据单位时间内降水量的不同,雨的等级分为 6 个等级,如表 2.3 所列。

表 2.3　雨的等级

等　级	降水量
小雨	12 小时内降水量为 0.1~4.9 mm 或 24 小时内降水量为 0.1~9.9 mm 的降雨过程
中雨	12 小时内降水量 5.0~14.9 mm 或 24 小时内降水量 10.0~24.9 mm 的降雨过程
大雨	12 小时内降水量 15.0~29.9 mm 或 24 小时内降水量 25.0~49.9 mm 的降雨过程
暴雨	12 小时内降水量 30.0~69.9 mm 或 24 小时内降水量 50.0~99.9 mm 的降雨过程
大暴雨	12 小时内降水量 70.0~139.9 mm 或 24 小时内降水量 100.0~249.9 mm 的降雨过程
特大暴雨	12 小时内降水量大于等于 140.0 mm 或 24 小时内降水量大于等于 250.0 mm 的降雨过程

2.2.3　雪

雪是水在空中凝结再落下的自然现象,或指落下的雪花。雪是水在固态的一种形式。雪只会在很冷的温度及温带气旋的影响下才会出现,因此亚热带地区和热带地区下雪的机会较微小。

水的变化和运动造就了我们今天的世界。大气里以固态形式落到地球表面上的降水,称为大气固态降水。雪是大气固态降水中的一种最主要的形式。

冬季,温带、寒带的许多地区的降水都是以雪的形式出现的。大气固态降水是多种多样的,除了雪花以外,还包括能造成很大危害的冰雹,还有雪霰(如图 2.8 所示)和冰粒。

天空中气象条件和生长环境的差异,造成了形形色色的大气固态降水。这些大气固态降水的叫法因地而异,因人而异,名目繁多,极不统一。为了方便起见,国际水文协会所属的国际雪冰委员会,在征求各国专家意见的基础上,于 1949 年召开了一个专门性的国际会议,通过了关于大气固态降水简明分类的提案。这个简明分类把大气固态降水分为 10 种:雪片、星形雪花、柱状雪晶、针状雪晶、多枝状雪晶、轴状雪晶、不规则雪晶、霰、冰粒和雹。前 7 种统称为雪。

由气态的水汽变成固态的水有两种过程,一种是水蒸气先液化变成水,然后水再凝固成冰

图 2.8　雪　霰

晶;还有一种是水汽不经过水,直接变成冰晶,这种过程叫做水的凝华。所以说雪是天空中的水汽经凝华而来的固态降水。

　　由于降落到地面上的雪花的大小、形状(图 2.9 展示了不同雪花的形状)以及积雪的疏密程度不同,故雪是以雪融化后的水量多少来分类的。降雪分为小雪、中雪、大雪、暴雪 4 个等级,如表 2.4 所列。

图 2.9　不同的雪花(冰晶)形状

根据积雪稳定程度,我国将积雪分为 5 种类型:

① 永久积雪:在雪平衡线以上,降雪积累量大于当年消融量,积雪终年不化;

② 稳定积雪(连续积雪):空间分布和积雪时间(60 天以上)都比较连续的季节性积雪;

③ 不稳定积雪(不连续积雪):虽然每年都有降雪,而且气温较低,但在空间上积雪不连续,多呈斑状分布,在时间上积雪日数为 10~60 天,且时断时续;

④ 瞬间积雪:主要发生在华南、西南地区,这些地区平均气温较高,但在季风特别强盛的年份,因寒潮或强冷空气侵袭,发生大范围降雪,但很快消融,故使地表出现短时(一般不超过 10 天)积雪;

⑤ 无积雪:除个别海拔高的山岭外,多年无降雪。

雪灾主要发生在稳定积雪地区和不稳定积雪山区,偶尔出现在瞬间积雪地区。

表 2.4　雪的等级

等　　级	融化后的水量
小雪	0.1~2.4 mm/天
中雪	2.5~4.9 mm/天
大雪	5.0~9.9 mm/天
暴雪	≥10 mm/天

2.2.4　雷　电

雷电是伴有闪电和雷鸣的一种壮观而又令人生畏的放电现象(如图 2.10 所示)。产生雷电的条件是雷雨云中正负电荷积累并形成极性。

图 2.10　连发式雷电天气

大气中的水蒸气是雷雨云形成的内因;科学家们对雷雨云的带电机制及电荷的规律分布进行了大量的观测和试验,积累了许多资料,并提出各种解释,有些论点至今还有争议。

(1) 对流云初始阶段的"离子流"假说

大气中存在着大量的正离子和负离子,在云层中的雨滴上,电荷分布是不均匀的,最外边的分子带负电,里层的带正电,内层比外层的电势差高约 0.25 V。为了平衡这个电势差,水滴就必须优先吸收大气中的负离子,这就使水滴逐渐带上了负电荷。当对流发展开始时,较轻的正离子逐渐被上升的气流带到云层的上部;而带负电的云滴因为比较重,就留在了云层的下部,造成了正负电荷的分离。

(2) 冷云的电荷积累

在对流发展到一定阶段,云体伸入 0 ℃层以上的高度后,云中就有了过冷水滴、霰粒和冰

晶等。这种由不同相态的水汽凝结物组成且温度低于 0 ℃的云,称为冷云。冷云的电荷形成和积累过程有如下几种:

① 过冷水滴在霰粒上撞冻起电

在云层中有许多水滴在温度低于 0 ℃时也不会冻结,这种水滴称为过冷水滴。过冷水滴是不稳定的,只要它们被轻轻地震动一下就马上冻结,称为冰粒。当过冷水滴与霰粒碰撞时,会立即冻结,称为撞冻。当发生撞冻时,过冷水滴外部立即冻成冰壳,但它的内部仍暂时保持着液态,并且外部冻结释放的潜热传到内部,使得其内部液态过冷水的温度比外面的冰壳高。温度的差异使得冻结的过冷水滴外部带上正电,内部带上负电。当内部也发生冻结时,云滴就膨胀分裂,外表皮破裂成许多带正电的冰屑,随气流飞到云层上部,带负电的冻滴核心部分则附在较重的霰粒上,使霰粒带负电并留在云层的中下部。

② 冰晶与霰粒的摩擦碰撞起电

霰粒是由冻结水滴组成的,呈白色或乳白色,结构比较松散。由于经常有冷水滴与它撞冻并释放潜热,它的温度一般比冰晶高。在冰晶中含有一定量的自由离子(OH^- 和 H^+),离子数随温度升高而增多。由于霰粒与冰晶接触部分存在着温度差,高温端的自由离子必然要多于低温端,因而离子必然从高温端向低温端迁移。离子迁移时,带正电的氢离子速度较快,而带负电的较重的氢氧根离子则较慢。因此,在一定时间内就出现了冷端氢离子过剩的现象,造成了高温端为负,低温端为正的电极化。当冰晶与霰粒接触,后又分离时,温度较高的霰粒就带上了负电,而温度较低的冰晶就带上了正电。在重力和上升气流的作用下,较轻的带正电的冰晶集中到云层的上部,较重的带负电的霰粒则停留在云层的下部,因而造成了冷云的上部带正电而下部带负电的现象。

③ 水滴因含有稀薄盐分而起电

除了上述冷云的两种起电机制外,还有人提出了由于大气中水滴含有稀薄盐分而产生起电机制。当云滴冻结时,冰的晶格中可以容纳负电荷的氯离子,却排斥正电荷的钠离子。因此,水滴冻结的部分带负电,而未冻结的部分带正电(水滴冻结时是从里向外进行的)。由于水滴冻结而成的霰粒在下落的过程中,甩掉表面还未来得及冻结的带负电的水分,形成许多带正电的小云滴。由于重力和气流的分选作用,带正电的小滴被带到云层的上部,而带负电的霰粒则停留在云层的中、下部。

(3) 暖云的电荷积累

在热带地区,有一些云整个云体都位于 0 ℃以上区域,因而只含有水滴而没有固态水粒子。这种云叫暖云或水云。暖云也会出现雷电现象。在中纬度地区的雷暴云,云体位于 0 ℃等温线以下的部分,就是云的暖区。在云的暖区里也有起电过程发生。

在雷雨云的发展过程中,上述机制在不同的发展阶段分别起作用。但是,最主要的带电机制还是由于水滴冻结造成的。大量观测事实表明,只有当云顶呈现纤维状、丝缕结构时,云才发展成为雷雨云。飞机观测发现,雷雨云中存在以冰、雪晶和霰粒为主的大量云粒子,而且大量电荷的积累即雷雨云迅猛带电机制,必须依靠霰粒生长过程的碰撞、撞冻和摩擦等才能发生。

同时,雷雨云的形成也与自然界的地形以及气象条件有关。根据不同的地形及气象条件,雷电一般可分为热雷电、锋雷电(冷锋雷电与热锋雷电)、地形雷电 3 大类。

（1）热雷电

热雷电是夏天经常在午后发生的一种雷电，经常伴有暴雨或冰雹。热雷电形成很快、持续时间不长，一般 1～2 h；雷区长度不超过 200～300 km，宽度不超过几十千米。热雷电形成必须具备以下条件：

① 空气非常潮湿，空气中的水蒸气已近饱和，这是形成热雷电的必要因素。

② 晴朗的夏天烈日当头，地面受到持久暴晒，靠近地面的潮湿空气的温度迅速升高，人们感到闷热，这是形成热雷电的必要条件。

③ 无风或小风，造成空气湿度和温度不均匀。无风或小风的原因可能是这里气流变化不大，也可能是地形的缘故（如山中盆地）。

上述条件逐渐形成云层，同时云层因极化而形成雷云。出现上述条件的地点多在内陆地带，尤其是山谷、盆地。

（2）锋雷电

强大的冷气流或暖气流同时侵入某处，冷暖空气接触的锋面或附近可产生冷锋雷电。冷锋雷电（或叫寒潮雷）的形成是强大的冷气流由北向南入侵时，因冷空气较重，所以冷气流就像一个楔子插到原来较暖而潮湿的空气下面，迫使暖空上升，热而潮的空气上升到一定高度，水蒸气达到饱和，逐渐形成雷雨云。冷锋雷是雷电中最强烈的一种，通常都伴随着暴雨，危害很大。这种雷雨一般沿锋面几百千米长、20～60 km 宽的带形地区发展，锋面移动速度为 50～60 km/h，最高可达 100 km/h。

热锋雷电（或叫热潮雷）是暖气流移动到冷空气地区，逐渐爬到冷空气上面所形成的。它的发生一般比冷锋雷缓和，很少发生强烈的雷雨。

（3）地形雷电

地形雷电一般出现在地形空旷地区，它的规模较小，但比较频繁。

雷电分为直击雷、电磁脉冲、球形雷、云闪 4 种。其中直击雷和球形雷都会对人和建筑造成危害，而电磁脉冲主要影响电子设备，主要是受感应作用所致；云闪由于是在两块云之间或一块云的两边发生，因此对人类危害最小。直击雷就是在云体上聚集很多电荷，大量电荷要找到一个通道来泄放，有的时候是一栋建筑物，有的时候是一座铁塔，有的时候是空旷地方的一个人。所有这些人或物体都变成电荷泄放的一个通道，就把人或者建筑物给击伤了。直击雷是威力最大的雷电，而球形雷的威力比直击雷小。

2.3　大气湍流与风切变

2.3.1　大气湍流

大气湍流是大气中的一种重要运动形式，也是大气中一种不规则的随机运动（如图 2.11 所示）。湍流每一点上的压强、速度、温度等物理特性随机涨落。它的存在使大气中的动量、热量、水气和污染物的垂直和水平交换作用明显增强，远大于分子运动的交换强度。大气湍流的存在同时对光波、声波和电磁波在大气中的传播产生一定的干扰作用。

大气湍流最常发生的 3 个区域为大气底层的边界层内、对流云的云体内部、大气对流层上部的西风急流区内。

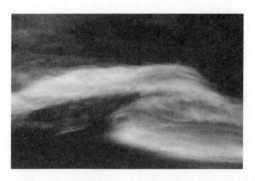

图 2.11　大气湍流

大气湍流的发生需要具备一定的动力学和热力学条件:其动力学条件是空气层中具有明显的风速切变;热力学条件是空气层必须具有一定的不稳定性,其中,上层空气温度低于下层空气温度的对流条件是最有利于飞机飞行的条件,在风速切变较强时,上层气温略高于下层,仍可能存在较弱的大气湍流。理论研究认为,大气湍流运动是由各种尺度的旋涡连续分布叠加而成的,旋涡尺度大的可达数百米,尺度小的约为 1 mm。即使最小的旋涡尺度也比分子大得多,因此湍流运动与分子的无规则运动有很大区别。

大气湍流运动中伴随着能量、动量、物质的传递和交换,传递速度远大于层流,因此湍流中的扩散、剪切应力和能量传递也大得多。因此,大气湍流对飞行器的飞行性能、结构载荷、飞行安全的影响很大。飞机在大气湍流中飞行时会产生颠簸,影响乘员的舒适程度,还会造成飞机的疲劳损伤。因湍流引发的飞行事故时有发生,但通过现代技术可以有效避开强湍流或尽量降低危害程度。飞行人员应积极利用气象预报等资料,避开湍流航线;旅客要养成全程系好安全带的习惯。

2.3.2　风切变

风切变是一种大气现象,风矢量(风向、风速)是指在空中水平和垂直距离上的变化量。

风切变按风向可分为以下 3 类:① 水平风的水平切变(又称水平风切变)是风向和(或)风速在水平距离上的变化;② 水平风的垂直切变(又称垂直风切变)是风向和(或)风速在垂直距离上的变化;③ 垂直风的切变是垂直风(即升降气流)在水平或航迹方向上的变化。

下冲气流是垂直风的切变的一种形式,呈现为一股强烈的下降气流。范围小而强度很大的下冲气流称为微下冲气流。垂直风切变的存在会对桥梁、高层建筑、航空飞行等造成破坏。发生在低空的风切变是飞机起飞和着陆阶段的一个重要危险因素,被人们称为"无形杀手"。

同时,风切变按照高度划分可分为高空风切变和低空风切变。一般以海拔 600 m 作为二者的分界线。

产生风切变的原因主要有两大类:一类是大气运动本身的变化所造成的;另一类则是地理、环境因素所造成的。也有时是二者综合作用的结果。

(1) 天气因素

能够产生有一定影响的低空风切变的天气背景主要有以下 3 类:

① 强对流天气。通常指雷暴、积雨云等天气。在这种天气条件影响下的一定空间范围内,均可产生较强的风切变。尤其是在雷暴云体中的强烈下降气流区和积雨云的前缘阵风锋

区更为严重。对于特别强的下降气流称为微下冲气流,是对飞行危害最大的一种。它是以垂直风为主要特征的综合风切变区。

② 锋面天气。无论是冷锋、暖锋或锢囚锋均可产生低空风切变。不过其强度和区域范围不尽相同。这种天气的风切变多以水平风的水平切变和垂直切变为主(但锋面雷暴天气除外)。一般来说,其危害程度要小于强对流天气的风切变。

③ 辐射逆温型的低空急流天气。秋冬季晴朗的夜间,由于强烈的地面辐射降温而形成低空逆温层。该逆温层上面有动量堆集,风速较大形成急流,而逆温层下面风速较小,近地面往往是静风,故有逆温风切变产生。该类风切变强度通常较小些,但它容易被人忽视,一旦遭遇,若处置不当也会发生危险。

(2)地理、环境因素

地理、环境因素主要是指山地地形、水陆界面、高大建筑物、成片树林以及其他自然因素和人为因素。这些因素也能引起风切变现象。其风切变状况与当时的盛行风状况(方向和大小)有关,也与山地地形的面积、复杂程度,迎风背风位置,水面的大小和机场离水面的距离,建筑物的大小、外形等有关。一般山地高差大、水域面积大、建筑物高大,不仅容易产生风切变,而且其强度也较大。

低空风切变的强度直接关系到飞行安全。图 2.12 所示为风气变对飞机影响的示意图。风切变强度标准是衡量低空风切变对飞行危害程度的重要标准,目前推荐使用的有下列三种:

① 水平风的垂直切变强度标准:国际民航组织颁布一般认为 0.1 m/s 以上的垂直切变会给喷气运输机带来威胁。

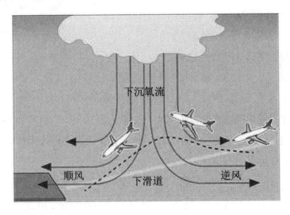

图 2.12　风切变对飞机影响示意图

② 水平风的水平切变强度标准:该项尚无统一标准。但美国在机场低空风切变警报系统中采用了一个水平风切变强度报警标准值。该系统在机场平面有 6 个测风站,即中央站和 5 个外站。各外站和中央站间平均距离约为 3 km。系统规定每一分钟外站与中央站的风向量差达 7.7 m/s 以上时系统即发出报警信号,以此推算,2.6 m/s 可作为能对飞行构成危害的水平风的水平切变强度标准。

③ 垂直风的切变强度标准:垂直风的切变强度,在相同的空间距离内主要由垂直风本身的大小变化来决定。对飞行安全危害最大的是强下降气流。根据著名气象学家藤田和科尔斯的建议,一种称之为下冲气流数值的标准被提出。它根据下降气流速度和到达地面的辐散值来确定。危害最大直径小于 4 km 的下冲气流称为微下冲气流。

2.4 无人机飞行大气环境

在 1.1.3 小节中已经提到无人机按任务高度分类可以分为 5 类,其中飞行高度最高的超高空无人机的任务高度一般要大于 18 km。换言之,无人机的飞行高度范围为 0~20 km,也就是说常见的无人机基本上是在对流层和平流层内飞行。

平流层是大气层内天气条件较为稳定的一层,几乎不会出现天气的变化;而对流层却是大气层中湍流出现最多的一层。事实上,地球上的风带和湍流基本上都是由三个对流环流(如图 2.13 所示)所推动:哈得莱(低纬度)环流、费雷尔(中纬度)环流以及极地环流。这三个对流环流带领盛行风由赤道传递热能到极地方向。因为对流运动显著,而且富含水汽和杂质,所以天气现象复杂多变,风、雨、雪以及雷电等各种天气现象都集中在此。

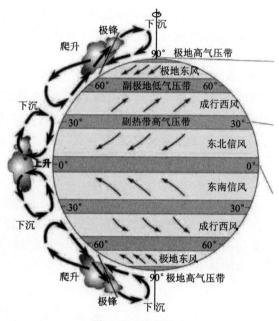

图 2.13 大气环流

对流层也是有分区的。虽然位于对流层下层的大气会与地表产生摩擦,但上层的空气却没有受到这种摩擦力的影响,因此在对流层上层及下层的天气现象会有所不同。基于这种现象的差别,对流层会再被分为三层:海平面以上 0~100 m 范围内是接地层,海平面以上 100~1 000 m 范围内是艾克曼层,海平面以上 1 km 至对流层顶 11 km 处范围内则称为自由大气。

由于接地层与地面的摩擦比较大,故其大气的运动和湍流很不规则且较为活跃。艾克曼层则会受到科氏力、气压倾度力以及地面摩擦力这 3 道力共同作用而运动。至于自由大气,顾名思义它不会受到地面摩擦力的影响,处于自由运动的状态。

在自由大气的上层(即对流层的上部)会有急流流动。其高度大约处于离海平面 11~17 km,这里是风速最高的地方。例如,在日本上空流动的西风带,风速非常快,是典型的水平方向的急流。这一风带可以说是对流层内水平方向大气运动规模最大的一种。同时在这一层内也存在大规模垂直方向的大气运动。例如,在热带地区热空气上升,到达亚热带高压带下降,哈得莱环流之类的大气环流。自由大气就是像这样在对流层中不断地出现水平和垂直方向的大气运动,并且对流层也是这类大气运动最繁盛的一层。

习 题

2-1 根据海拔高度的不同,简述大气层各层特点,指出飞机适合的飞行高度。

2-2 描述大气层(主要针对对流层和平流层)天气变化对飞机飞行的影响,写一份小结,字数 800 字左右。

第 3 章　空气动力学原理

多年以来,关于无人机飞行原理的研究主要集中在以下 5 方面:

① 翼型的研究:近年来,随着航空运输业的快速发展,目前已有许多优良的飞机翼型。同时航空界也为研制无人机发展了不少新的翼型。

② 提高机翼性能的研究:这一方面的研究来自于真实飞机的理论研究成果。主要是想通过改变模型飞机机翼表面的一薄层气流(边界层)的性质来提高其性能。在这个问题上,美国、日本、德国等国家的空气动力学研究者进行了许多实验。

③ 飞机动稳定性的研究:由于气流的不稳定性,故无人机会受到天气的影响,特别是纵向气流。

④ 飞机的各部分比例与配置的研究:由于无人机的形式较多,有的尾翼在前面;有的机翼放得很高;有的机翼面积很大,尾翼面积很小;有的机身很长;各种形式都有其优缺点。研究各种比例和形式的特点对无人机的设计尤为重要。

⑤ 螺旋桨的研究:对于无人机来说,动力的功率固然重要,但是螺旋桨能否配合,使功率有效地变为拉力更为重要。螺旋桨合不合适对于无人机的性能好坏有着直接的影响。

不过,无论是研究哪一类问题,都应当首先把相关的基本原理弄清楚。其中包括空气动力学有关的知识,特别是在低速时的空气动力学知识。

3.1　空气的物理属性

空气是我们日常生活中不可缺少的东西,它具有许多性质。空气是一种混合气体,包括氧气、氮气、二氧化碳、水汽和一些稀有气体等成分。研究表明,大气中的空气成分基本是不变的:地面的空气含有 20.9% 左右的氧气,0.04% 左右的二氧化碳,78% 左右的氮气;而到达离地面 100 km 的高空,空气虽然稀薄,但是空气的成分基本不变。

1. 连续性假设

气体是由大量分子组成的,每个分子都在不断地做不规则的热运动,彼此碰撞(如图 3.1 所示)。每个分子两次碰撞间行走的距离为自由行程,每次行程并不相等,但在一定压力(压强)、温度等条件下,会有一个平均值。这个值和飞行器的任何尺寸相比都是微乎其微的。

空气的运动如果是由飞行器飞行造成的,那么空气发生显著变化的范围一般说来和飞行器特征长度是一个数量级的,这

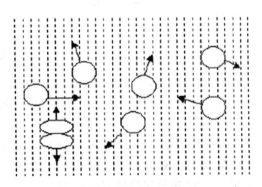

图 3.1　气体分子无序运动

样空气受飞行器的扰动而运动,不会是以分子为单位的运动,而是大量分子一起运动,空气所

表现出的特性就不会是单个分子的行为,而是表现出总体的属性。以此为前提,空气动力学采取了连续介质的概念,将流体看作是连绵一片的介质,假设介质所占据的空间里到处都弥散着这种介质,并在这一假设下进行研究。只有到了大气层外层,稀薄空气动力学的研究前提才不是连续性假设。

2. 黏　性

流体都是具有黏性的,只不过有大有小,因此空气也是有黏性的。图 3.2 所示为一个比较极端的例子——蜂蜜。

图 3.2　黏性流体——蜂蜜

空气和水的黏性都不大。以河里的流水为例,靠近岸边的水流速度就比河水中心的水流速度慢些,这点可以用漂浮在水面上的草叶来佐证。凡是有黏性作用的地方,各层流体的速度就是不均一的,这也是摩擦阻力产生的原因。图 3.3 所示为空气黏性示意图。其中,V_∞ 表示来流远方的速度,x 表示空间流向,y 是与流向垂直的方向,u 是考虑到流体黏性的速度。

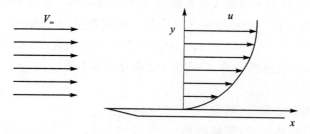

图 3.3　流体黏性示意图

黏性使直接挨着板面的一层气体完全贴附在板面上,与板面之间不具有相对速度,即无滑移。稍外面的一层气体由于受到气体与气体之间的摩擦作用,被紧挨着板面的气体牵扯,故速度也下降到几乎为 0,不过由于这一层气体与板面具有一定的距离,因此多少有一定的速度。牵扯作用像这样沿着 y 方向传播,离板面越远的气体,受到的牵扯作用就越小,因此速度就越大。这种牵扯作用就称为黏性力或者内摩擦力。

牛顿于 1686 年经实验研究指出,流体运动所产生的摩擦阻力与接触面积成正比,与沿接触面的法线方向的速度梯度成正比。他提出的摩擦应力公式如下:

$$\tau = \mu \frac{\mathrm{d}u}{\mathrm{d}y}$$

其中，τ 为单位面积上的摩擦阻力；μ 为比例常数，即流体的动力黏性系数，单位为 N·s/m²或 Pa·s。对于不同的流体，μ 的数值各不相同，同时 μ 会随着温度的变化而变化，但与压强几乎无关。在温度为 288.15 K 时，空气的动力黏性系数为 $1.789\,4 \times 10^{-5}$ N·s/m²，水的动力黏性系数为 1.139×10^{-3} N·s/m²。另外在流体力学中，经常用单位质量的动力黏性系数来表征黏性对流体质点相对运动的影响，称为运动黏性系数，用 ν 来表示，单位为 m²/s，即

$$\nu = \frac{\mu}{\rho}$$

3. 压缩性

气体不同于液体，对气体施加压力，气体的体积会发生变化。具有一定质量的气体的体积或者密度会随着压强的变化而改变的这一特性，称为压缩性（或者弹性）。

气体压缩性大小通常可以用"体积弹性模量"来度量，其定义为产生单位相对体积变化所需要的压强增大量，即

$$E = -\frac{\mathrm{d}p}{\mathrm{d}V/V}$$

其中，E 为体积弹性模量；V 为一定质量气体的体积。

对于质量一定的气体，其体积与密度成反比，即有 $\mathrm{d}V/V = -\mathrm{d}\rho/\rho$。因此，气体的体积弹性模量可写为

$$E = \rho \frac{\mathrm{d}p}{\mathrm{d}\rho}$$

在常温和常压下，水的弹性模量为 2.1×10^9 N/m²，空气的弹性模量为 1.42×10^5 N/m²。

4. 传热性

当气体中沿某一方向存在温度梯度时，热量就会由温度高的地方传向温度低的地方，这种性质称为气体的传热性。在单位时间内传递的热量与传热面积成正比，与沿热流方向的温度梯度成正比，即

$$q = -\lambda \frac{\partial T}{\partial y}$$

其中，q 为单位时间通过单位面积的热量，单位为 kJ/(m²·s)；$\partial T/\partial y$ 为温度梯度，单位为 K/m；λ 为比例系数，称为导热系数，单位为 kJ/(m·K·s)。

流体的导热系数值随流体介质的不同而不同，同一流体介质的导热系数随温度的变化而稍有不同。在通常温度范围内，空气的导热系数为 2.47×10^{-5} kJ/(m·K·s)。

3.2　伯努利方程

瑞士科学家丹尼尔·伯努利（Daniel Bernoulli，1700—1782，见图 3.4）在 1738 年提出流体质点连续运动的速度与压强之间的关系，称为伯努利方程或伯努利原理。这是在流体力学连续介质运动微分方程建立之前，根据微元流管动能定理建立的流体质点运动的机械能守恒方程。即对于理想流体，单位质量（或单位体积、单位质量）流体质点运动的动能加上重力势能和压力势能等于一个常数（如图 3.5 所示）。其著名的推论是：等高流动时，流速大，压力小。

图 3.4　瑞士科学家丹尼尔·伯努利

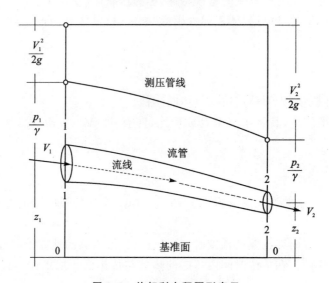

图 3.5　伯努利方程图形表示

对于单位体积的流体质点,在忽略重力的情况下,伯努利方程可写为

$$p + \frac{1}{2}\rho v^2 = C = 常数$$

式中,p 为流体质点的压强,v 为流体质点的速度,ρ 为流体的密度。

也可以这样理解,单位面上流体质点压力(压强)由两部分组成,一部分为 p,表示静压,是流体静止时外界的作用力;一部分为 $\frac{1}{2}\rho v^2$,表示动压,是流体流动时外界的作用力。

需要注意的是,使用伯努利定律必须要符合以下假设(如不完全符合,那么所求的解只是近似值):

① 定常流:在流动系统中,流体在任何一点的性质都不随时间而改变。

② 不可压缩流:密度为常数,适用于流体为气体且马赫数 $Ma < 0.3$。

③ 无摩擦流:摩擦效应可忽略,忽略黏性效应。

④ 流体沿着流线流动:流体元素沿着流线而流动,流线间彼此是不相交的。

换言之,伯努利方程是基于机械能守恒原理推导出的,故它仅适用于不计黏性、不可压缩的理想流体。

由伯努利方程可以看出,对于马赫数 $Ma<0.3$ 且黏性作用不计的气体,如果气体不流动,那么此时的静压值就是常数值 C;如果当气体流动起来,因为气体又产生了动压,所以此时流动起来的气体静压就会比原来的静压要小,气体流动越快,动压就越大,静压(相对于没有流动时)就越小。

3.3　低速翼型绕流

人们在长期的实践中渐渐认识到,鸟类不是依靠空气的浮力飞行,而是通过空气绕过时的相对运动产生的气动力飞行。人们发现空气绕过鸟翼发生相对运动时不仅可以产生升力,而且这个升力比浮力要大得多。在空气中运动的物体必然要克服空气阻力,由此就引出了飞行器动力的概念。此外,由于飞行器要在空中保持稳定飞行,因此就又引出了力矩的概念。这三个概念的提出为人类实现真实的飞行奠定了基础(如图 3.6 所示)。

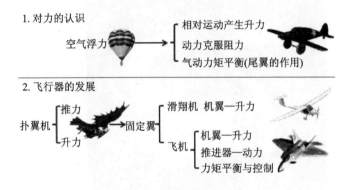

图 3.6　空气动力学的作用

飞机研究从模仿鸟类开始,人们把这样设计出来的飞机叫作仿制鸟(如图 3.7 所示)。后来人们把动力和升力的方向分开以后就出现了固定翼的飞机,所谓固定翼就是指升力面是固定的,最早的固定翼飞机就是滑翔机,滑翔机是无动力的飞机,通过机翼产生升力。当滑翔机安装发动机后,有了动力就变成了真正的飞机。如果把动力、升力、阻力以及飞机的重力进行平衡和控制,再加上导航系统,人们就可以通过飞机实现远行的飞行梦想,现在的旅客飞机速度快、安全、舒适,所以说飞行器是人类 20 世纪最伟大的科技成就之一。有了飞机以后,恐怕原来孔子说的"父母在,不远游"说法就得改成"父母在,不久游"。意思是,你不要长久离开父母,因为远不怕,飞到美国不就需要 13 个小时吗?所以飞机的出现,使得人们居住和生活地之间的距离感缩短了许多。

飞机真正实现飞行的过程离不开人类对鸟的认识。在飞行方面,可以说鸟类是人类的老师,无论造什么样的飞机,都需要向鸟学习。因为鸟有足够的空中飞行经验,它们是经过长期进化而来的,所以下面就通过对鸟的飞行原理的分析来探讨翼型产生升力的奥秘。

鸟的骨架与羽翼如图 3.8 所示。顺着气流方向在其羽翼上切出一个剖面,可以看出剖面的前面是翼骨,翼骨通过肌肉、皮肤与羽毛连接起来。剖面的前面是一个圆弧,后面是一层薄薄的羽毛,具有一定的弯曲程度,整体呈流线形。如果仅考虑空气绕过这种独特剖面形状的流

图 3.7 飞行器的布局特点

动,那么在空气动力学中称之为翼型绕流(如图 3.9 所示)。

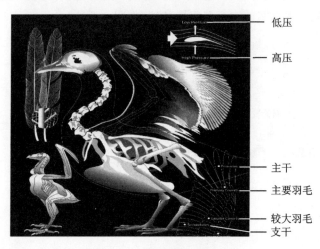

图 3.8 鸟的骨架与羽翼

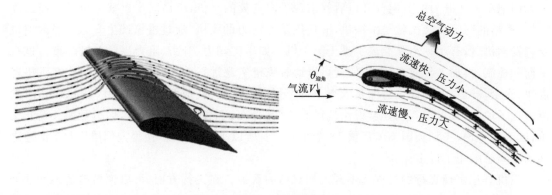

图 3.9 翼型绕流

当气流绕过翼型时,就会在翼型上产生空气动力。空气动力在垂直于来流方向的分力为翼型升力,在平行于来流方向的分力为翼型阻力,其大小除了与来流速度、翼型几何形状以及尺寸有关外,还与翼型和来流方向之间的夹角(迎角)有关。1726 年牛顿(Newton)应用力学原理和演绎方法得出:在空气中运动物体所受的力正比于物体运动速度的平方和物体的特征面积以及空气密度。牛顿根据作用力与反作用力原理提出所谓的"漂石理论"(Skipping Stone Theory),认为翼型所受的升力是由于翼型下翼面对气流的冲击作用,与上翼面无关(如图 3.10 所示)。现在看来这个说法是错误的。

1738 年,瑞士科学家伯努利给出理想流体能量方程式,建立了空气压强与速度之间的定量关系,为正确认识升力提供了理论基础,特别是由该能量定理得出,翼型上的升力大小不仅与作用在下翼面的空气顶托力有关,还与上翼面的吸力有关(如图 3.11 所示)。后来的风洞试验证实:上翼面吸力占翼型总升力的 60%~70%。

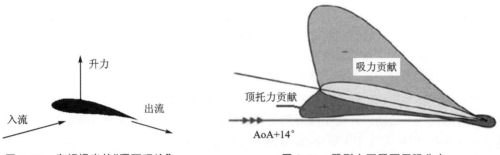

图 3.10　牛顿提出的"漂石理论"　　　　图 3.11　翼型上下翼面压强分布

德国数学家库塔(Kutta,1867—1944,见图 3.12)和俄国物理学家儒可夫斯基(N. Joukowski,1847—1921,见图 3.13)分别于 1902 年、1906 年,将有环量圆柱绕流升力计算公式推广到任意形状物体的绕流,提出对于任意物体绕流,只要存在速度环量,就会产生升力,升力方向为来流方向按反环量方向旋转 90°,后人称为库塔-儒可夫斯基升力环量定律(如图 3.14 所示),即

$$L = \rho V_\infty \Gamma$$

式中,L 为作用在绕流物体上的升力,ρ 为来流空气密度,V_∞ 为来流速度,Γ 为绕流物体的速度环量。

图 3.12　德国数学家库塔　　　　图 3.13　俄国物理家尼古拉·叶戈罗维奇·儒可夫斯基

当不同的环量值绕过翼型时,可能会出现后驻点位于上翼面、下翼面、后缘点三个不同位

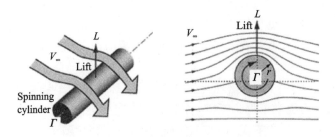

图 3.14　库塔-儒可夫斯基升力环量定律

置的流动情形。后驻点位于上、下翼面的情况,气流要绕过尖后缘,由势流理论得出,在该处将出现无穷大的速度和负压,这在物理上是不可能的。物理上可能的流动情形是后驻点与后缘点重合,或者气流从上、下翼面平顺地流过翼型后缘,后缘速度值保持有限。流动实验也证实了这一分析,库塔、儒可夫斯基就是用这一条件给出了确定附着环量的唯一性条件。

根据开尔文环量守恒定律,对于理想不可压缩流体,在有势质量力作用下,绕相同流体质点组成的封闭周线上的速度环量不随时间变化,即 $\mathrm{d}\Gamma/\mathrm{d}t=0$。翼型都是从静止状态开始加速运动到定常状态,根据旋涡守恒定律,翼型引起气流运动的速度环量应与静止状态一样处处为零,但库塔条件得出一个不为零的环量值,这似乎出现了矛盾,那么如何认识环量产生的物理原因呢?

翼型在刚开始启动时,因黏性边界层尚未在翼面上形成,绕翼型的速度环量为零,后驻点不在后缘点,而在上翼面某点处,气流将绕过后缘流向上翼面。随时间的发展,翼面上黏性边界层形成,下翼面气流绕过后缘时将产生很大的速度和低压,从后缘点到后驻点存在大的逆压梯度,造成边界层分离,从而产生一个逆时针的环量,即起动涡(如图 3.15 所示)。起动涡脱离翼型后缘随气流流向下游,封闭流体线也随气流运动,但始终包围翼型和起动涡,根据涡量保持定律,必然绕翼型存在一个逆时针的速度环量,使得绕封闭流体线的总环量为零。这样,翼型后驻点的位置向后移动。只要后驻点尚未移动到后缘点,翼型后缘就不断有逆时针旋涡脱落,因而绕翼型的环量不断增大,直到气流从后缘点平顺离开(后驻点移到后缘处为止,如图 3.16 所示),形成最终的附着涡和起动涡(如图 3.17 所示)。起动涡被远远甩到后面,附着涡叠加在翼型上随翼型以一定的速度匀速运动,并对翼型的气动力产生重要影响(如图 3.18 所示)。

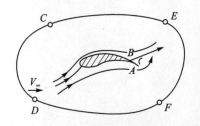

图 3.15　起动过程中的翼型绕流边界层未平衡的状态

最早的机翼是模仿风筝,在骨架上蒙一张布,基本上就是一个平板。在实践中发现弯板比平板好,能用于较大的迎角范围。1903 年,莱特兄弟研制出薄而带正弯度的翼型。儒可夫斯

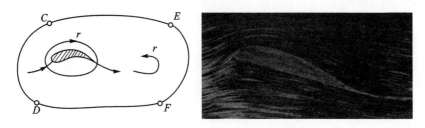

图 3.16　翼型定常绕流边界层平衡状态

图 3.17　翼型绕流附着涡和起动涡

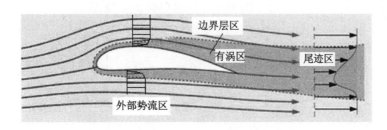

图 3.18　翼型定常绕流(平衡边界层结构)

基的机翼理论提出之后,明确低速翼型应是由圆头、上下翼面组成(如图 3.19 所示)。圆头能适应于更大的迎角范围,弯曲的翼面可避免绕翼面的气流分离,也进一步说明了翼型不对称绕流产生附着涡的机理如图 3.20 所示。从图 3.21 可以看出,从平板到翼型,绕流升阻比明显不同。

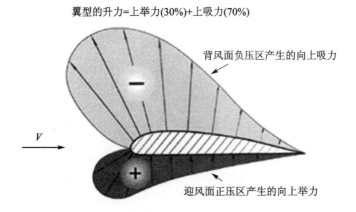

图 3.19　翼型压力分布及其对升力的贡献

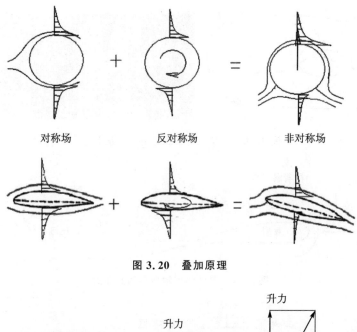

对称场   反对称场   非对称场

图 3.20　叠加原理

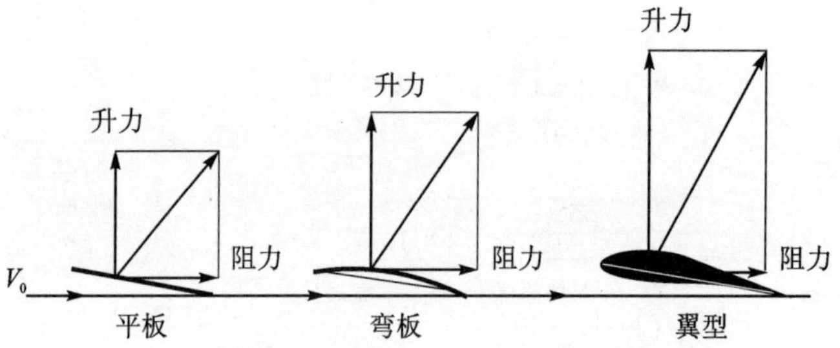

升力

升力

升力

V_0　阻力　平板　 阻力　弯板　 阻力　翼型

图 3.21　平板与翼型的升阻比

1909 年,儒可夫斯基利用复变函数的保角变换法研究了理想流体翼型定常绕流的问题,提出了著名的儒可夫斯基翼型理论(如图 3.22 所示)。1918 年,德国物理学家、现代流体力学之父路德维希·普朗特(Ludwig Prandtl,1875—1953,见图 3.23)研究了带弯度翼型的气动问题,根据速度势函数的奇点叠加原理和小扰动假设,提出薄翼型理论;在小迎角下,对于薄翼型理想不可压缩绕流,扰动速度势、物面边界条件、压强系数均可进行线性叠加,作用在薄翼型上的升力、力矩可以视为弯度、厚度、迎角作用之和。因此绕薄翼型的流动可用三个简单流动叠加。

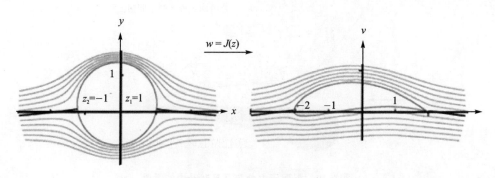

图 3.22　儒可夫斯基翼型

图 3.23　德国物理学家、现代流体力学之父路德维希·普朗特

3.4　低速机翼绕流

　　飞机的主要部件是机身和机翼(如图 3.24 所示)。机翼是产生升力的气动部件,为了获得良好的气动效果,一般机翼做成三维薄形细长翘体结构,布置在机身两侧(可位于机身上方、机身下方、机身中部)。机翼有多种外形,设计时可根据飞行速度和飞行任务不同来优化机翼外形布置(如图 3.25 和图 3.26 所示)。最早的机翼形状为平板,如中国风筝的外形(用一根毂把布张起来),平板翼的升阻比最小,一般为 2～3。之后是弯板,它的升阻比可达到 5,后来设计的机翼外形产生的升阻比可达到 20 以上,如大型客机纯机翼的升阻比可到 30 左右。受机翼翼梢的影响,三维机翼的升阻比要小于二维机翼的升阻比。由于机身主要产生阻力,因此加上机身等阻力部件,整架飞机的升阻比会更小。如大型客机波音 747,在巡航时飞机的升阻比在 17 和 18 之间,相当于举起 1 kg 的物品只需要克服 55 g 物品所受到的阻力。

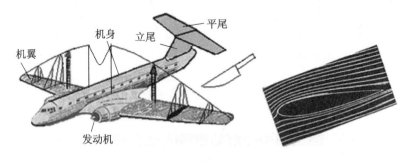

图 3.24　机翼与剖面绕流

　　1918 年,现代流体力学之父普朗特提出大展弦比直机翼的升力线理论,使人们认识到有限翼展机翼的翼尖效应对机翼整体性能影响的重要性,建立了翼尖涡和诱导阻力的本质关系,这个问题在很长时期内没有得到重视。在一大展弦比直机翼的后缘上,沿其展向均匀地贴上一排丝线,在丝线的末端系着小棉花球,然后将机翼置于低速风洞中进行吹风试验。试验结果发现:对于有限翼展机翼,由于翼尖效应,在正迎角下机翼下表面压强较高的气流将从机翼翼

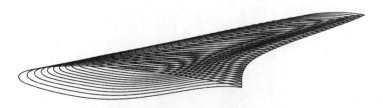

图 3.25　超临界机翼 B 样条参数化造型

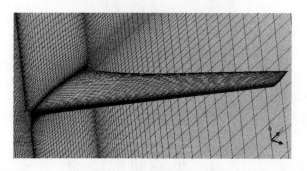

图 3.26　临界机翼附近的网格

尖翻向上翼面,使得上翼面的流线向对称面偏斜,下翼面的流线向翼尖偏斜,而且这种偏斜从机翼的对称面到翼尖逐渐增大。当气流离开机翼后缘时,上、下翼面沿翼展反向的气流将使机翼后的空气受到剪切作用,从而产生了自由涡面(如图 3.27 所示)。自由涡面是由于上、下翼面的展向流动,并发生展向流动的剪切而产生的。

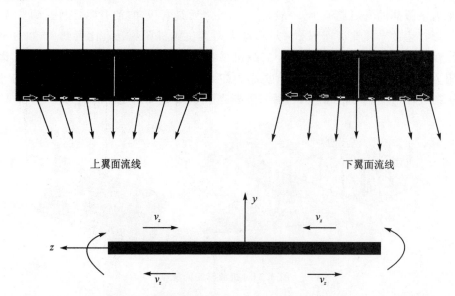

上翼面流线　　　　　　　　下翼面流线

图 3.27　有限翼展机翼后缘自由涡面的形成机理

　　由于旋涡的相互诱导作用,在距离缘较远的地方(大约 1 倍展长),自由涡面将卷成两条方向相反的、从翼尖拖出的尾涡,尾涡的轴线大致与来流方向平行,如图 3.28 和图 3.29 所示。

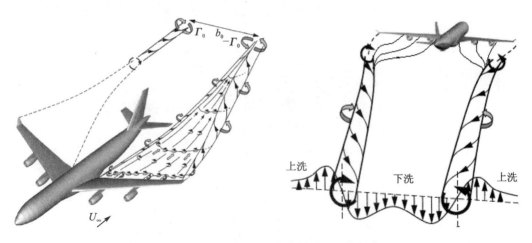

图 3.28　尾涡的形成机理

图 3.29　飞机尾涡

3.5　气动中心与压力中心

3.5.1　气动中心

在一定雷诺数下,当翼型迎角改变时(在一定迎角范围内),翼型所受到的空气动力在此点的合力矩不变,这一点被称为该翼型在当前雷诺数下的气动中心,又称作焦点。对于对称的薄翼型,气动中心距离前缘 1/4 弦长。

翼型在流场中所受的力是作用在上、下翼面的分布力的合力。分布力有两种:一种是法向力,即压力;另一种是切向力,即摩擦力。但在理论计算中由于切向的摩擦力微乎其微,故一般忽略不计。同时,定义与远前方来流相方向垂直的合力为升力 L,与远前方来流方向一致的合力为阻力 D。由理论力学可知,平面力系可以合成到作用在某个指定点上的一个力和一个力矩,故沿翼面分布的法向力(压力)也可以合成为一个力和一个力矩,这个力矩命名为俯仰力矩。如图 3.30 所示,绕 OZ 轴转的力矩即为俯仰力矩。

图 3.30　飞机机体坐标系

3.5.2　压力中心

流体中的平面或曲面所受流体压力合力的作用点,称为压力中心。压力中心的位置有以下三个特点:

① 在一定雷诺数条件下,压力中心位置与速度无关:气流速度改变后,机翼上下气流速度的分布会相应变化,压力分布也随之改变,总的空气动力相应增加或者减小,但是压力中心位置不变。这犹如在天平的两端各加入一个相同的砝码,并不会破坏原支点的平衡。但是如果速度变化过大,引起雷诺数的大范围的变化,那么压力中心也会移动。

② 压力中心的位置和翼型有关:对称翼型机翼压力中心位于 25% 弦长处,非对称翼型的压力中心一般在 30% 翼弦长以后。中弧线弯度越大或者最大弯度越靠后,翼型的压力中心越靠后。

③ 压力中心的位置通常和迎角有关(对称型翼型除外):对称翼型的压力中心位置不会随着迎角改变而改变。在一般迎角范围内,无论迎角大或小,压力中心总是固定在 25% 翼弦长处。因为迎角的变化只会引起翼型上下气流的速度和压力的变化,不会改变其变化规律。对于非对称翼型,压力中心会随着迎角的变化而前后移动。在临界迎角时移到最前位置,一般在 30%～35% 翼弦长之间。超过临界迎角后,升力减小,压力中心向后移动。当迎角为 90° 时,压力中心在翼弦中点处。

3.5.3　气动中心与压力中心的关系

关于气动中心与压力中心的关系,有两个重点:

① 气动中心与压力中心不同:压力中心是力系合成到一个特殊点时,这个点的合力矩为零,而气动中心是合力矩不变的点。压力中心在气动中心的后面。压力中心的位置随着迎角的改变而改变,当迎角增大,升力增大,压力中心前移,这同时使得压力中心与气动中心的距离缩短,增大的升力与缩短的力臂乘积刚好是不变的力矩,这也正是气动中心的定义所要求的。

② 不同雷诺数、不同翼型的气动中心位置不一样:翼型准确的气动中心位置主要是通过实验测得的,在一些比较全的翼型书中会标出来,同时也会给出不同雷诺数所对应的气动中心位置。

习　题

3-1　容积为 0.15 m³ 的气瓶,在 303 K 时,瓶中的氧气的压强为 5×10^6 Pa,求气瓶中氧气的质量。

3-2　两个平行的圆盘,直径都是 D,两者相距 h,下盘固定,上盘以匀角速度 ω 旋转,盘间有一种黏度为 μ 的液体。假设与直径 D 相比,距离 h 为小量,两盘之间的液体的速度分布呈线性关系。试推导黏度 μ 与转矩 T、角速度 ω 之间的关系。

3-3　在点 $(-a,0)$ 和点 $(a,0)$ 处分别放入强度为 Q 的点汇和点源,直匀流 v_∞ 以正 x 轴方向来流,试写出合成流动的流函数,并证明包含驻点的流线方程为

$$y=0$$
$$x^2+y^2=a^2+\frac{2ay}{\tan(2\pi V_\infty y/Q)}$$

设 $a=v_\infty=Q/2\pi$,画出合成流动对应的物体形状。

3-4　设绕圆柱的环量为 Γ,试证明在直匀流中,半径为 a 的圆柱体表面上的压强系数为

$$C_P=1-4\sin^2\theta\left(1+\frac{\Gamma}{4\pi a V_\infty \sin\theta}\right)^2$$

第 4 章　典型翼型及其空气动力

4.1　翼型特征

4.1.1　翼型几何参数

在空气动力学中,翼型通常理解为二维机翼,即剖面形状不变的无限翼展机翼。低速和亚声速翼型的典型外形如图 4.1 所示,它前端圆滑,后端为尖角形。其中,① 后尖点称为后缘;② 翼型上距后缘最远的点称为前缘;③ 连接前后缘的直线称为翼弦,其长度称为弦长;④ 在翼型内部作一系列与上、下翼面相切的内切圆,诸圆心的连线称为翼型的中弧线;⑤ 中弧线中最大内切圆的直径称为翼型的厚度;⑥ 中弧线和翼弦之间的最大距离称为弯度;⑦ 前缘的曲率半径称为前缘半径。超声速翼型的前缘也可能是尖的。翼型的相对厚度和相对弯度分别定义为厚度和弯度对弦长之比,弯度为零的翼型称为对称翼型,其中弧线与翼弦重合。

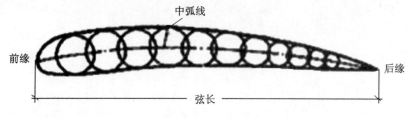

图 4.1　翼　型

4.1.2　翼型的发展

在第一次世界大战期间,交战各国都在实践中开发出了一些性能较好的翼型,如儒可夫斯基翼型、德国 Gottingen 翼型,英国的 RAF 翼型(Royal Air Force,英国空军;后改为 RAE 翼型(Royal Aircraft Establishment,皇家飞机研究院),美国的 Clark‐Y 等。20 世纪 30 年代以后,出现美国的 NACA 翼型(National Advisory Committee for Aeronautics,后来为 NASA,National Aeronautics and Space Administration)和苏联的 ЦАГИ 翼型(中央空气流体研究院)。美国国家航空咨询委员会(缩写为 NACA,现在为 NASA)在 20 世纪 30 年代后期,对翼型的性能做了系统的研究(如图 4.2 所示),提出了 NACA 4 位数翼族和 5 位数翼族等,如图 4.3 所示。他们对翼型做了系统研究之后发现:① 如果翼型不太厚,翼型的厚度和弯度可以分开来考虑;② 各国从经验上获得的良好翼型,如将弯度改直,即改成对称翼型,若折算成同一相对厚度的话,其厚度分布几乎是相同的。由此提出把当时认为最佳的翼型厚度分布作为 NACA 翼型族的厚度分布(如图 4.4 所示)。

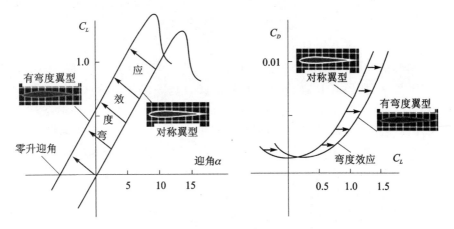

图 4.2 翼型的升力系数与阻力系数

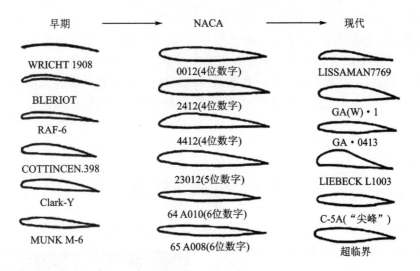

图 4.3 翼型的演变

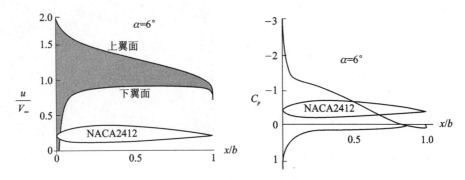

图 4.4 NACA2412 翼型上、下翼面上的速度和压强分布

4.2　常规翼型

随着航空科学的发展,具有航空先进技术的各国建立了各种翼型系列。美国有 NACA 系列,德国有 DVL 系列,英国有 RAF 系列,苏联有 ЦАГИ 系列等。这些翼型的资料包括几何特性和气动特性,可供气动设计人员选取合适的翼型。

以 NACA 翼型系列为例,在现有的翼型资料中,NACA 翼型系列的资料比较丰富,飞行器上采用这一系列的翼型也比较多。NACA 翼型系列主要包括下列翼型族:

① 4 位数翼型族:这是最早建立的一个低速翼型族。以 NACA2415 翼型为例,其第一位数 2 表示最大相对弯度为 2%;第二位数 4 表示最大弯度位于翼弦前缘的 40% 处;最后两位数 15 表示相对厚度为 15%。这一族翼型的中线由前后两段抛物线组成,厚度分布函数由经验的解析公式确定。

② 5 位数翼型族:这是在 4 位数翼型族的基础上发展而来的。这一族翼型的中线有两种类型,一类是简单中线,它的前段为三次曲线,后段为直线;另一类是 S 形中线,前后两段都是三次曲线,后段上翘的形状能使零升力矩系数为零,这个特性通过第三位数来表征,例如 NACA24015 中 0 表示后段为直线。这族翼型的厚度分布与 4 位数翼型族的相同。

③ 6 族翼型:适用于较高速度的一些翼型族,已得到广泛应用。这种翼型又称层流翼型,它的前缘半径较小,最大厚度位置靠后,从而使翼型表面尽可能保持层流流动,以便减小摩擦阻力。

④ 其他翼型族:1 族、7 族、8 族等翼型族以及各种修改翼型。

4.3　超临界翼型

在跨声速情形下,有一种翼型叫作超临界翼型,它的上表面比较平坦,翼面上一般只产生压缩波和膨胀波,间或有弱激波,因而波阻较小,具有良好的高速特性和低速特性。超临界翼型的概念是由美国 NASA 兰利研究中心主任惠特科姆(Richard T. Whitcomb, 1921—2009,见图 4.5,被称为是"靠与气流交谈过日子"的人)为了提高亚声速运输机阻力发散马赫数于 1967 年提出的,20 世纪 80 年代首先在大型客机 A320 中得到了应用,目前是大型客机机翼设计的核心技术(超临界机翼)。超临界翼型的定义如下:在来流马赫数超过临界马赫数的跨声速流动条件下具有理想气动性能的翼型。

图 4.5　美国空气动力学家惠特科姆

惠特科姆的另外两项著名研究成果分别是 1955 年提出的面积律和 20 世纪 70 年代提出的翼梢小翼,这些成果在现代飞机设计中发挥着重大作用。其中,面积律是指跨声速或超声速飞行器的零升波阻力与飞行器横截面积沿飞行器纵轴分布之间的关系。根据面积律,人们就有可能在设计飞行器时减小跨声速或超声速激波阻力,提高飞机的跨声速和超声速飞行性能。面积律还能提供估算飞机波阻力的简化方法,用计算简单的当量旋成体的波阻力来代替计算复杂的飞机波阻力。因此,面积律在跨声速和超声速飞机的设计中得到广泛的应用。

随着飞行器速度的不断提高,流过翼面的流速有可能超过当地声速,这时流动中会出现激波,还可能引起流动分离,这都会使阻力增大,如图 4.6 所示。因此,过去一直都致力于研究避免翼面流速超过声速的翼型。但到了 20 世纪 60 年代,英国的 H. H. 皮尔赛和美国的 R. T. 惠特科姆发现有可能找到不产生激波或产生较弱激波的跨声速翼型。他们和荷兰的 G. Y. 纽兰德分别设计了尖峰翼型、超临界翼型、拟椭圆翼型等跨声速翼型。其中,超临界翼型的特点是头部比较丰满,上表面中部比较平坦(如图 4.7 所示),因此压强分布也比较均匀,没有明显的高峰,并能比较平缓地减速到亚声速(或仅出现较弱激波)。有时,为了提高升力,把翼型下表面的后部设计为向内凹,使这里的压强增高,上、下翼面的压差(载荷)增大,这种翼型称为有后加载的翼型。类似地,还有所谓有前加载的翼型。

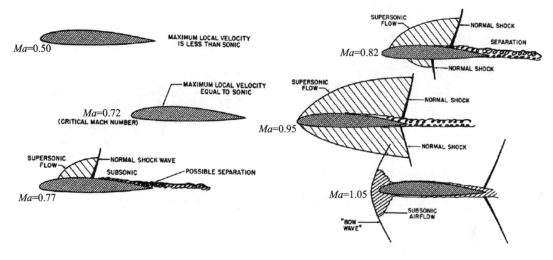

图 4.6　激波的产生

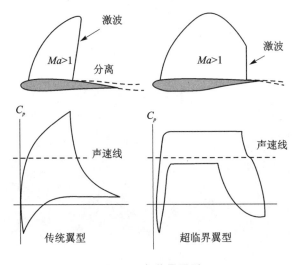

图 4.7　超临界翼型

4.4 超声速翼型

超声速飞机的绕流属超声速外流。通常超声速外流是指整个流场或流场中绝大部分地区都是超声速流动的情形。在飞行马赫数大于 1.4 以后,会出现一系列受激波、膨胀波控制的流动现象,一般超声速流动的马赫数在 1.5 与 5.0 之间。

定常超声速流动的一个重要特征是:流场中任何扰动的影响范围都是有界的,任何扰动都表现为波的形式。当超声速气流发生膨胀或依次受到一系列微弱压缩时,扰动的始末界限都是马赫线。以绕双弧翼型的超声速流动为例,如图 4.8 所示:当来流迎角小于翼型的半顶角时,前缘上下面均受压缩,形成强度不同的斜激波;当来流迎角大于翼型的半顶角时,前缘上面形成膨胀波,下面形成斜激波。经一系列膨胀波后,由于在后缘处气流流动方向和压强不一致,从而形成两道斜激波,或一道斜激波一族膨胀波,故在后缘汇合后的气流具有相同的指向和相等的压强(近似认为与来流相同)。

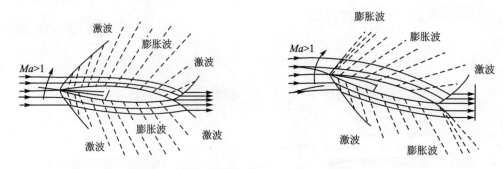

图 4.8 双弧翼型超声速绕流(小迎角、大迎角)

在超声速绕流中,绕机翼的激波阻力大小与机翼头部钝度大小存在密切的关系。由于钝物体的绕流将产生离体激波,激波阻力大;而尖头体的绕流将产生附体激波,激波阻力小(如图 4.9 所示)。因此,对于超声速翼型,前缘最好做成尖的,如菱形、四边形、双弧形等(如图 4.10 所示)。但是,对于超声速飞机,总是要经历起飞和着陆的低速阶段,尖头翼型在低速绕流时,较小迎角下气流就要发生分离,使翼型的气动性能变坏。为此,为了兼顾超声速飞机的低速特性,目前低超声速飞机的翼型,其形状都采用小圆头的对称薄翼。

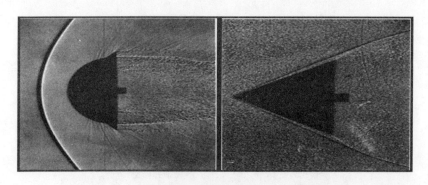

图 4.9 超声速物体绕流(离体激波与附体激波)

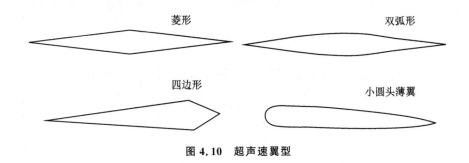

菱形　　双弧形

四边形　　小圆头薄翼

图 4.10　超声速翼型

4.5　低速薄翼型

薄翼绕流是指在迎角不大时厚度和弯度都很小的翼型的绕流。处理这种翼型绕流问题时,翼面上的边界条件和压强系数都可以线性化,迎角、弯度以及厚度可以分开考虑。换言之,这种翼型绕流问题是由迎角、弯度以及厚度三个问题叠加而成。这种位流解法,在空气动力学上称为薄翼型理论。

1. 扰动速度位的线性叠加原理

如图 4.11 所示,采用体轴坐标系 xOy,原点 O 位于前缘,x 轴沿弦线向后,y 轴向上。

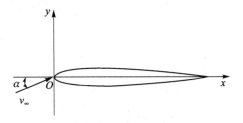

图 4.11　体轴坐标系

翼型绕流速度位 Φ 满足拉普拉斯方程,它可以分解为直均流速度位 ϕ_∞ 和由于翼型存在引起的扰动速度位 ϕ,即

$$\Phi = \phi_\infty + \phi$$

且有

$$\frac{\partial^2 \phi}{\partial x^2} + \frac{\partial^2 \phi}{\partial y^2} = 0$$

扰动速度位 ϕ 也可进行线性叠加。

2. 翼面边界条件的线性化近似

设翼面上 x、y 方向的扰动速度分别为 v'_{xw} 和 v'_{yw},在小迎角 α 下,翼面上的速度分量近似于

$$\begin{cases} v_{xw} = v_\infty \cos\alpha + v'_{xw} \approx v_\infty + v'_{xw} \\ v_{yw} = v_\infty \sin\alpha + v'_{yw} \approx v_\infty \alpha + v'_{yw} \end{cases}$$

翼面边界条件

$$\frac{\mathrm{d}y_w}{\mathrm{d}x} = \frac{v_{yw}}{v_{xw}}$$

可以得到

$$\frac{v'_{yw}}{v_\infty} = \frac{\mathrm{d}y_w}{\mathrm{d}x} + \frac{v'_{xw}}{v_\infty}\frac{\mathrm{d}y_w}{\mathrm{d}x} - \alpha$$

其中,y_w 为 y 方向的扰动量。因为翼型薄,弯度和迎角小,所以可以近似看作一阶小量(即下式中的 f、c 以及 α),则 $\frac{v'_{xw}}{v_\infty}\frac{\mathrm{d}y_w}{\mathrm{d}x}$ 为二阶小量。因此,可以得到

$$v'_y(x,0) = v_\infty\frac{\mathrm{d}y_w}{\mathrm{d}x} - v_\infty\alpha$$

进而可以得到

$$\left(\frac{\partial\phi}{\partial y}\bigg|_{y=0}\right)_{\text{上,下}} = v_\infty\frac{\mathrm{d}y_f}{\mathrm{d}x} \pm v_\infty\frac{\mathrm{d}y_c}{\mathrm{d}x} - v_\infty\alpha$$

这就是翼面边界条件的线性化近似。可以看出翼面上的扰动速度在小扰动条件下可近似表示为弯度、厚度以及迎角三部分。

3. 扰动速度位的线性叠加

由前面 2 点可以知道,翼型的扰动速度位 ϕ 可以表达为

$$\phi = \phi_a + \phi_c + \phi_f$$

这里的 ϕ_a、ϕ_c 以及 ϕ_f 均满足拉普拉斯方程,并且分别满足边界条件

$$\frac{\partial\phi_a}{\partial y}\bigg|_{y=0} = -v_\infty\alpha$$

$$\frac{\partial\varphi_f}{\partial y}\bigg|_{y=0} = v_\infty\frac{\mathrm{d}y_f}{\mathrm{d}x}$$

$$\left(\frac{\partial\phi_c}{\partial y}\bigg|_{y=0}\right)_{\text{上,下}} = \pm v_\infty\frac{\mathrm{d}y_c}{\mathrm{d}x}$$

这表明翼型的扰动速度位等于有迎角平板的扰动速度位、无迎角中弧线弯板的扰动速度位以及无迎角厚度翼型的扰动速度位之和。

4. 压强系数的线性化近似

根据伯努利方程,流场中任意一点的压强系数为

$$C_p = 1 - \frac{v^2}{v_\infty^2} = 1 - \frac{(v_\infty\cos\alpha + v'_x)^2 + (v_\infty\sin\alpha + v'_y)^2}{v_\infty^2}$$

在小扰动条件下,若只保留一阶小量,则有

$$C_p = -\frac{2v'_x}{v_\infty}$$

将上式应用到翼面上,其压强系数可以进一步近似为

$$(C_p)_w = -\frac{2v'_{xw}}{v_\infty} \approx -\frac{2}{v_\infty}v'_x(x,0) = -\frac{2}{v_\infty}\frac{\partial\phi}{\partial x}\bigg|_{y=0}$$

$$= -\frac{2}{v_\infty}\frac{\partial\phi_a}{\partial x}\bigg|_{y=0} - \frac{2}{v_\infty}\frac{\partial\phi_f}{\partial x}\bigg|_{y=0} - \frac{2}{v_\infty}\frac{\partial\phi_c}{\partial x}\bigg|_{y=0}$$

$$= [C_p(x,0)]_a + [C_p(x,0)]_f + [C_p(x,0)]_c$$

$$\approx [(C_p)_w]_a + [(C_p)_w]_f + [(C_p)_w]_c$$

由此可见,物面压强系数也是可以叠加的。

5. 薄翼型小迎角下位流的分解

由于在薄翼型、小迎角的小扰动条件下,扰动速度位和物面压强系数均可以线性叠加,作用在薄翼型上的升力和力矩可以视作弯度、厚度以及迎角的作用之和,因此绕翼型位流可以分解为 3 个简单位流之和。

如图 4.12 所示,3 个简单位流分别是无迎角中弧线弯板的绕流问题($\alpha=0$ 弯度问题)、无迎角厚度对称翼型的绕流问题($\alpha=0$ 厚度问题)以及 $\alpha\neq0$ 的平板绕流问题(迎角问题)。

厚度问题因流动上、下对称,翼面虽有压强作用,但上、下翼面对应点无压差,所以不产生升力和力矩;而弯度问题以及迎角问题中因流动上、下不对称,压差作用产生升力和力矩,所以弯度问题和迎角问题可以合在一起处理,并称迎角-弯板问题($\alpha\neq0$ 的中弧线弯板绕流问题)。这种用有迎角的中弧线弯板升力和力矩特性代表小迎角下薄翼型升力和力矩特性的理论,通常称为薄翼型理论。

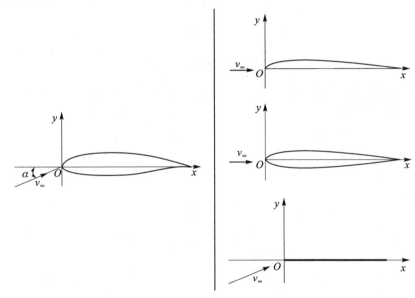

图 4.12　薄翼型位流分解示意图

迎角弯度问题的关键是确定涡强的分布。要求在中弧面上满足库塔条件:

$$v'_{\mathrm{w}} = V_\infty \left(\frac{\mathrm{d}y_f}{\mathrm{d}x} - \alpha \right)$$

1) 面涡强度的积分方程

因为翼型弯度一般很小,中弧线和弦线差别不大,因而在中弧线上面涡可近似用在弦线上面涡来代替,翼面上沿 y 方向的扰动速度可近似用弦线上的值代替。这是因为,按照泰勒级数展开,有

$$v'_{\mathrm{w}} = v'_{\mathrm{w}}(x, y_f) = v'(x, 0) + \frac{\partial v'}{\partial y} y_f + \cdots$$

略去小量,得到

$$v'(x, y_f) = v'(x, 0)$$

在一级近似条件下,求解薄翼型的升力和力矩的问题可归纳为在满足下列三个定解条件下,面涡强度沿弦线的分布问题,如图 4.13 所示。同时,由此诱导的速度场也需要满足如下三

个定解条件：

① 无穷远边界条件：$u'_\infty = 0, v'_\infty = 0$

② 物面边界条件：$v'_w = V_\infty \left(\dfrac{\mathrm{d}y_f}{\mathrm{d}x} - \alpha \right)$

③ 库塔条件：$\gamma(b) = 0$

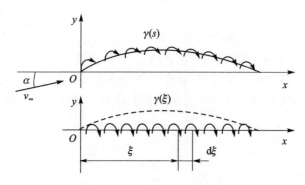

图 4.13　面涡强度沿弦线分布

在弦线上，某点的面涡强度为 $\gamma(\xi)$，在 $\mathrm{d}x$ 段上的涡强为 $\gamma(\xi)\mathrm{d}x$，其在弦线上 x 点产生的诱导速度为

$$\mathrm{d}v'(x,0) = \frac{\gamma(\xi)\mathrm{d}\xi}{2\pi(\xi - x)}$$

整个涡面的诱导速度为

$$v'(x,0) = \int_0^b \frac{\gamma(\xi)\mathrm{d}\xi}{2\pi(\xi - x)}$$

$$\int_0^b \frac{\gamma(\xi)\mathrm{d}\xi}{2\pi(\xi - x)} = V_\infty \left(\frac{\mathrm{d}y_f}{\mathrm{d}x} - \alpha \right)$$

上式即为关于涡强的积分方程。

2）涡强的三角级数求解

做变量置换，令

$$\xi = \frac{b}{2}(1 - \cos\theta), \quad x = \frac{b}{2}(1 - \cos\theta_1)$$

$$\mathrm{d}\xi = \frac{b}{2}\sin\theta\,\mathrm{d}\theta, \quad \begin{cases} \xi \in (0,\pi) \\ \theta \in (0,\pi) \end{cases}$$

$$-\int_0^\pi \frac{\gamma(\theta)\mathrm{d}\theta}{2\pi(\cos\theta - \cos\theta_1)} = V_\infty \left(\frac{\mathrm{d}y_f}{\mathrm{d}x} - \alpha \right)$$

然后，令

$$\gamma(\theta) = 2V_\infty \left(A_0 \cot\frac{\theta}{2} + \sum_{n=1}^{\infty} A_n \sin n\theta \right)$$

其中，b 为涡强三角级数变量置换的系数，A_0、A_n 分别为面涡强度三角级数变量置换的第 0 个和第 n 个系数。这个级数有两点要说明：① 第 1 项是为了表达前缘处无限大的负压（即无限大的流速）；② 在后缘处，这个级数等于零。后缘处载荷应该降为零，这是库塔条件所要求的。

$$\alpha - A_0 + \sum_{n=1}^{\infty} A_n \cos n\theta_1 = \frac{\mathrm{d}y_f}{\mathrm{d}x} \begin{cases} \alpha - A_0 = \frac{1}{\pi} \int_0^{\pi} \frac{\mathrm{d}y_f}{\mathrm{d}x} \mathrm{d}\theta_1 \\ A_0 = \alpha - \frac{1}{\pi} \int_0^{\pi} \frac{\mathrm{d}y_f}{\mathrm{d}x} \mathrm{d}\theta_1 \\ A_n = \frac{2}{\pi} \int_0^{\pi} \frac{\mathrm{d}y_f}{\mathrm{d}x} \cos n\theta_1 \mathrm{d}\theta_1 \end{cases}$$

3）求迎角弯度的气动特性

$$C_p = -2 \frac{u'(x, \pm 0)}{V_\infty} = \pm \frac{\gamma(x)}{V_\infty}$$

$$\Gamma = \int_0^b \gamma(x) \mathrm{d}x = \pi V_\infty b \left(A_0 + \frac{1}{2} A_1 \right)$$

$$L = \rho V_\infty \Gamma = \pi \rho V_\infty^2 b \left(A_0 + \frac{1}{2} A_1 \right)$$

$$C_L = \frac{2L}{\rho V_\infty^2 b} = \pi (2 A_0 + A_1)$$

$$C_L = 2\pi \left[\alpha + \frac{1}{\pi} \int_0^{\pi} \frac{\mathrm{d}y}{\mathrm{d}x} (\cos \theta_1 - 1) \mathrm{d}\theta \right]$$

其中,升力线的斜率为 $\frac{\mathrm{d}C_L}{\mathrm{d}\alpha} = 2\pi$。上式说明,对于薄翼型而言,升力线的斜率与翼型的形状无关。如果写成通常的表达形式,即

$$C_L = \frac{\mathrm{d}C_L}{\mathrm{d}\alpha} (\alpha - \alpha_0) = 2\pi(\alpha - \alpha_0)$$

其中,α_0 为翼型的零升力迎角,由翼型的中弧线形状决定,对称翼型 $\alpha_0 = 0$,非对称翼型 $\alpha_0 \neq 0$。

$$\alpha_0 = -\frac{1}{\pi} \int_0^{\pi} \frac{\mathrm{d}y}{\mathrm{d}x} (\cos \theta_1 - 1) \mathrm{d}\theta$$

对前缘取矩,俯仰力矩为

$$M_z = -\int_0^b x \mathrm{d}L = -\int_0^b \rho V_\infty \gamma(x) \mathrm{d}x$$

$$= -\frac{\rho}{2} V_\infty^2 b^2 \int_0^{\pi} \left[A_0 (1 - \cos^2 \theta_1) + \sum_{n=1}^{\infty} A_n \sin n\theta_1 \sin \theta_1 (1 - \cos \theta_1) \right] \mathrm{d}\theta_1$$

$$= -\frac{\pi}{4} V_\infty^2 b^2 \left(A_0 + A_1 - \frac{A_2}{2} \right)$$

力矩系数为

$$m_z = \frac{M_z}{\frac{\rho}{2} V_\infty^2 b^2} = -\frac{\pi}{2} \left(A_0 + A_1 - \frac{A_2}{2} \right)$$

$$= \frac{\pi}{4} \left[\left(A_0 + \frac{A_1}{2} \right) + \frac{1}{2} (A_1 - A_2) \right]$$

$$= \frac{\pi}{4} (A_1 - A_2) - \frac{1}{4} C_L$$

$$= m_{z0} - \frac{1}{4} C_L$$

其中，m_{z0} 为零升力矩系数，即

$$m_{z0} = \frac{\pi}{4}(A_1 - A_2) = \frac{1}{2}\int_0^\pi \frac{\mathrm{d}y_f}{\mathrm{d}x}(\cos 2\theta_1 - \cos\theta_1)\,\mathrm{d}\theta_1$$

对 $b/4$ 点取矩，得

$$M_{\frac{1}{4}} = M_z + \frac{b}{4}L$$

$$= -\frac{\pi}{4}V_\infty^2 b^2\left(A_0 + A_1 - \frac{A_2}{2}\right) + \pi\rho V_\infty^2 b\left(A_0 + \frac{A_1}{2}\right)\frac{b}{4}$$

$$= \frac{\pi}{4}\rho V_\infty^2 b^2\left(-A_0 - A_1 + \frac{A_2}{2} + A_0 + \frac{A_1}{2}\right)$$

$$= \frac{\pi}{4}\rho V_\infty^2 b^2\frac{A_2 - A_1}{2}$$

$$m_{\frac{1}{4}} = \frac{M_{\frac{1}{4}}}{\frac{\rho}{2}V_\infty^2 b^2} = \frac{\pi}{4}(A_2 - A_1) = m_z + \frac{1}{4}C_L = m_{z0}$$

这个式子里没有迎角，说明这个力矩是常数（不随迎角改变），即使升力为零仍有此力矩，可以称这个力矩为剩余力矩。只要对 1/4 弦点取矩，力矩都等于这个零升力矩，这说明 1/4 弦点就是气动中心的位置。另外，还有个特殊的点称为压力中心，表示气动合力作用的位置，通过该点的力矩为零，如图 4.14 所示。

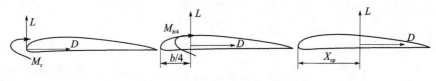

图 4.14 力矩点

翼型前缘吸力系数（见图 4.15）为

$$C_f = -\frac{\int_0^b \rho v'\gamma(\xi)\,\mathrm{d}\xi}{\frac{1}{2}\rho V_\infty^2 b}$$

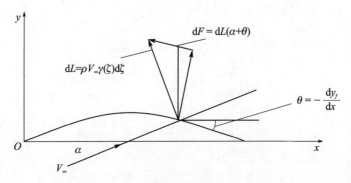

图 4.15 吸力

4.6　翼型选择原则与常用翼型

4.6.1　翼型选择原则

翼型的选择是指从现有的翼型做出选择,使其满足飞机设计的要求。

1. 翼型的升力与力矩

适当增加翼型的弯度是提高翼型升力系数和最大升力系数的有效手段,常用的弯度为 2%～6%,尤其是 4% 比较常见。

适当前移最大弯度位置也可以提高翼型的最大升力系数,此时失速形式为前缘失速。若最大弯度靠后,则最大升力系数降低,但可以取得比较缓和的失速特性。

对称翼型的最大失速特性远不如有弯度的翼型,但是其速度特性较好。尤其是对于微型、轻小型无人机,对称翼型的灵活机动性较好,优点较多。

增大对称翼型的最大升力系数的主要方式是通过增加前缘半径和加厚翼型头部。① 增加前缘半径:翼型头部半径对大迎角气流分离流动产生重要影响,是影响最大升力值及其他重要气动参数的几何参数。薄翼型的头部半径对升力系数的影响不大,但中等翼型的头部半径对升力系数的影响较大,适当增加中等翼型的头部半径还可以增大翼型的升力线斜率。② 增加翼型厚度:适当增加翼型厚度也可以使最大升力系数增加,对于常规的 NACA 翼型,一般在相对厚度 12%～18% 可以达到较大的最大升力系数。同时,在低速时,适当地增加翼型厚度还可以增大升力线的斜率。

翼型作为机翼不同展向位置的横截面,当机翼的展弦比大于 5 时,从安全角度考虑,为了减少翼梢分离失速,可选择翼梢处翼型的最大升力系数比翼根处翼型的最大升力系数大些。

翼型的后缘角增大将使后部的边界层增厚,容易导致流动与翼型表面分离,使得升力线斜率下降,但后缘角接近于零则会给加工制造和保证强度、刚度带来问题。

翼型的零升力矩是由翼型的弯度决定的。对称翼型的零升力矩为零,零升力矩太大会增加配平阻力。

2. 翼型的阻力

对于无人机,其飞行状态多处于低速或者亚声速,阻力的主要来源是摩擦阻力,因此常选择小弯度层流翼型来减小阻力。

3. 翼型的适用范围

翼型的选择与飞机要完成的总体任务有关。例如,飞机的飞行速度限制了翼型的参数选择,每减小 1% 的相对厚度可以增加 0.015 的临界马赫数;对超声速军用飞机,翼型参数只能在 4% 与 8% 之间较薄前缘半径翼型间选择,而低速飞机可以在 12% 与 18% 之间选择,亚声速飞机可以在 10% 与 5% 之间选择。

4. 平面形状的影响

由于平直翼和后掠翼的根部流动特性不一样,因此,平直翼适用的翼型对后掠翼不一定适用,反之亦然。对于大展弦比机翼,为了防止翼尖失速造成不安全因素,翼尖处翼型的最大升力系数一般要比翼根处翼型的最大升力系数大。

5. 足够的空间和刚度

除了考虑气动方面,还要考虑减轻结构质量方面。对于无人机而言,翼型的相对厚度较大会使结构高度增加,这有利于机翼的加工制造。

4.6.2 常用翼型几何参数

1. NACA0009 对称翼型

NACA0009 对称翼型(如图 4.16 所示)是弯度为 0%,厚度为 9% 的翼型,其翼型数据如表 4.1 所列。

图 4.16 NACA0009 翼型

表 4.1 NACA0009 翼型数据

cm

X	Y	X	Y	X	Y
100	0.095	2.5	1.961	10	−3.512
95	0.605	1.25	1.42	15	−4.009
90	1.086	0.8	1.17	20	−4.303
80	1.967	0.6	1.01	25	−4.456
70	2.748	0.4	0.82	30	−4.501
60	3.423	0.2	0.49	40	−4.352
50	3.971	0	0	50	−3.971
40	4.352	0.2	−0.49	60	−3.423
30	4.501	0.4	−0.82	70	−2.748
25	4.456	0.6	−1.01	80	−1.967
20	4.303	0.8	−1.17	90	−1.086
15	4.009	1.25	−1.42	95	−0.605
10	3.512	2.5	−1.961	100	−0.095
7.5	3.15	5	−2.666		
5	2.666	7.5	−3.15		

2. NACA63 - 4 - 021 翼型

NACA63 - 4 - 021 翼型(如图 4.17 所示)为 6 系列层流翼型,最大厚度为弦向位置 30%,弯度为 0,厚度为 21%,其翼型数据如表 4.2 所列。

图 4.17 NACA63 - 4 - 021 翼型

表 4.2 NACA63 - 4 - 021 翼型数据

cm

X	Y	X	Y	X	Y
100	0	5	5.065	15	−8.441
95	0.392	2.5	3.577	20	−9.41
90	1.113	1.25	2.527	30	−10.412
80	3.054	0.75	1.937	40	−10.298
70	5.29	0.5	1.583	50	−9.206
60	7.441	0	0	60	−7.441
50	9.206	0.5	−1.583	70	−5.29
40	10.298	0.75	−1.937	80	−3.054
30	10.412	1.25	−2.527	90	−1.113
20	9.41	2.5	−3.577	95	−0.392
15	8.441	5	−5.065	100	0
10	7.08	7.5	−6.182		
7.5	6.182	10	−7.08		

3. NACA65 - 2 - 015 翼型

NACA65 - 2 - 015 翼型(如图 4.18 所示)为 6 系列层流翼型,最大厚度为弦向位置 50%,设计升力系数增量为 0.2,设计升力系数为 0.0,厚度为 15%,其翼型数据如表 4.3 所列。

图 4.18 NACA65 - 2 - 015 翼型

表 4.3 NACA65 - 2 - 015 翼型数据

cm

X	Y	X	Y	X	Y
100	0	5	3.245	15	−5.504
95	0.428	2.5	2.324	20	−6.223
90	1.144	1.25	1.702	30	−7.152
80	2.858	0.75	1.356	40	−7.498
70	4.6	0.5	1.124	50	−7.168
60	6.118	0	0	60	−6.118
50	7.168	0.5	−1.124	70	−4.6
40	7.498	0.75	−1.356	80	−2.858
30	7.152	1.25	−1.702	90	−1.144
20	6.223	2.5	−2.324	95	−0.428
15	5.504	5	−3.245	100	0
10	4.555	7.5	−3.959		
7.5	3.959	10	−4.555		

4. FX－71－L150/K25

FX－71－L150/K25 翼型(如图 4.19 所示)是最大厚度为弦向位置 34％,厚度为 15％的翼型,其翼型数据如表 4.4 所列。

图 4.19　FX－71－L150/K25 翼型

表 4.4　FX－71－L150/K25 翼型数据

cm

X	Y	X	Y	X	Y	X	Y
100	0	40.245	7.396	0.107	－0.821	46.73	－6.998
99.893	0.01	37.059	7.463	0.428	－1.455	50	－6.689
99.039	0.087	33.928	7.501	0.961	－1.903	53.27	－6.32
97.347	0.223	30.866	7.462	1.704	－2.446	56.526	－5.891
94.844	0.425	27.886	7.355	2.653	－2.941	59.755	－5.457
91.573	0.731	25	7.204	3.896	－3.457	62.941	－4.949
87.592	1.14	22.221	6.991	5.158	－3.944	66.072	－4.413
85.355	1.377	19.562	6.742	6.699	－4.431	69.134	－3.854
82.967	1.628	17.033	6.438	8.427	－4.88	72.114	－3.299
80.438	1.921	14.645	6.105	10.332	－5.326	75	－2.771
77.779	2.265	12.408	5.724	12.408	－5.724	77.779	－2.265
75	2.771	10.332	5.326	14.645	－6.105	80.438	－1.921
72.114	3.299	8.427	4.88	17.033	－6.438	82.967	－1.628
69.134	3.854	6.699	4.431	19.562	－6.742	85.355	－1.377
66.072	4.413	5.158	3.944	22.221	－6.991	87.592	－1.14
62.941	4.949	3.896	3.457	25	－7.204	91.573	－0.731
59.755	5.457	2.653	2.941	27.886	－7.355	94.844	－0.425
56.526	5.891	1.704	2.446	30.866	－7.462	97.347	－0.223
53.27	6.32	0.961	1.903	33.928	－7.501	99.039	－0.087
50	6.689	0.428	1.455	37.059	－7.463	99.893	－0.01
46.73	6.998	0.107	0.821	40.245	－7.396	100	0
43.474	7.327	0	0	43.474	－7.327		

5. EPPLER478 翼型

EPPLER478 翼型(如图 4.20 所示)是弯度为 0％,厚度为 15.7％的翼型,其翼型数据如表 4.5 所列。

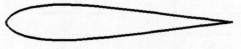

图 4.20　EPPLER478 翼型

表 4.5 EPPLER478 翼型数据

cm

X	Y	X	Y	X	Y
1	0	0.083 6	0.059 39	0.143 42	−0.071 91
0.996 27	0.000 28	0.059 38	0.051 07	0.178 67	−0.075 82
0.985 51	0.001 4	0.039 12	0.041 65	0.217 2	−0.078 04
0.968 6	0.003 5	0.022 91	0.031 41	0.258 79	−0.078 48
0.946 04	0.006 2	0.010 87	0.020 7	0.303 32	−0.077 2
0.917 96	0.009 34	0.003 1	0.009 99	0.350 46	−0.074 48
0.884 62	0.013 7	0.001 63	0.006 86	0.399 85	−0.070 56
0.846 6	0.017 47	0.000 89	0.004 82	0.450 87	−0.065 65
0.804 48	0.022 53	0.000 35	0.002 84	0.503 02	−0.059 99
0.758 91	0.028 18	0.000 17	0.001 87	0.555 7	−0.053 8
0.710 57	0.034 3	0.000 04	0.000 93	0.608 28	−0.047 3
0.660 13	0.040 74	0	0	0.660 13	−0.040 74
0.608 28	0.047 3	4.00E−05	0.000 93	0.710 57	−0.034 3
0.555 7	0.053 8	1.70E−04	−0.001 87	0.758 91	−0.028 18
0.503 02	0.059 99	3.50E−04	−0.002 84	0.804 48	−0.022 53
0.450 87	0.065 65	8.90E−04	−0.004 82	0.846 6	−0.017 47
0.399 85	0.070 56	0.001 63	−0.006 86	0.884 62	−0.013 7
0.350 46	0.074 48	0.003 1	−0.009 99	0.917 96	−0.009 34
0.303 32	0.077 2	0.010 87	−0.020 7	0.946 04	−0.006 2
0.258 79	0.078 48	0.022 91	−0.031 41	0.968 6	−0.003 5
0.217 2	0.078 04	0.039 12	−0.041 65	0.985 51	−0.001 4
0.178 67	0.075 82	0.059 38	−0.051 07	0.996 27	0.000 28
0.143 42	0.071 91	0.083 6	−0.059 39	1	0
0.111 67	0.066 4	0.111 67	−0.066 4		

6. Clark-Y 翼型

Clark-Y 翼型(如图 4.21 所示)是弯度为 2.3%,厚度为 11.9% 的翼型,其翼型数据如表 4.6 所列。

图 4.21 Clark-Y 翼型

7. Göttingen795 翼型

Göttingen795 翼型(如图 4.22 所示)是弯度为 2.44%,厚度为 8% 的翼型,其翼型数据如表 4.7 所列。

表 4.6 Clark-Y 翼型数据

cm

X	Y	X	Y	X	Y
1	0.021	0.1	0.098	0.3	0
0.95	0.028 5	0.075	0.09	0.4	0
0.9	0.037	0.05	0.081	0.5	0
0.8	0.056	0.025	0.068	0.6	0
0.7	0.075 5	0	0.041	0.7	0
0.6	0.091	0.025	0.018 5	0.8	0.004
0.5	0.105	0.05	0.012	0.9	0.01
0.4	0.114 5	0.075	0.007	0.95	0.013 7
0.3	0.119	0.1	0.004 5	1	0.02
0.2	0.113	0.15	0		
0.15	0.108	0.2	0		

图 4.22 Göttingen795 翼型

表 4.7 Göttingen795 翼型数据

cm

X	Y	X	Y	X	Y
1	0	0.124 08	0.047 06	0.146 45	−0.020 71
0.995 72	0.001 01	0.103 32	0.043 32	0.170 33	−0.020 49
0.982 96	0.003 82	0.084 27	0.039 34	0.195 62	−0.019 97
0.961 94	0.007 93	0.066 99	0.035 13	0.222 21	−0.019 28
0.933 01	0.012 94	0.051 56	0.030 71	0.25	−0.018 55
0.896 68	0.018 62	0.038 06	0.026 1	0.278 86	−0.017 84
0.853 55	0.024 87	0.026 53	0.021 35	0.308 66	−0.017 16
0.804 38	0.031 56	0.017 04	0.016 59	0.339 28	−0.016 48
0.75	0.038 45	0.009 61	0.011 95	0.370 59	−0.015 79
0.691 34	0.045 24	0.004 28	0.007 59	0.434 74	−0.014 4
0.629 41	0.051 49	0.001 07	0.003 57	0.5	−0.013 01
0.565 26	0.056 8	0	−0.000 09	0.565 26	−0.011 66
0.5	0.060 78	0.001 07	−0.003 49	0.629 41	−0.010 35
0.434 74	0.063 19	0.004 28	−0.006 69	0.691 34	−0.009 1
0.370 59	0.063 95	0.009 61	−0.009 66	0.75	−0.007 88
0.339 28	0.063 73	0.017 04	−0.012 3	0.804 38	−0.006 74
0.308 66	0.063 12	0.026 53	−0.014 5	0.853 55	−0.005 69
0.278 86	0.062 1	0.038 06	−0.016 22	0.896 68	−0.004 75
0.25	0.060 66	0.051 56	−0.017 53	0.933 01	−0.003 82
0.222 21	0.058 77	0.066 99	−0.018 57	0.961 94	−0.002 75
0.195 62	0.056 43	0.084 27	−0.019 43	0.982 96	−0.001 53
0.170 33	0.053 67	0.103 32	−0.020 13	0.995 72	−0.000 44
0.146 45	0.050 53	0.124 08	−0.020 58	1	0

8. Göttingen796 翼型

Göttingen796 翼型（如图 4.23 所示）是弯度为 3.68％，厚度为 12％的翼型，其翼型数据如表 4.8 所列。

图 4.23　Göttingen796 翼型

表 4.8　Göttingen796 翼型数据

cm

X	Y	X	Y	X	Y
1	0.004	0.025	0.030 85	0.075	−0.029 85
0.95	0.015 8	0.012 5	0.020 63	0.1	−0.030 4
0.9	0.027 6	0.008	0.016 07	0.15	−0.030 3
0.8	0.049	0.006	0.013 5	0.2	−0.029 2
0.7	0.066 6	0.004	0.010 94	0.3	−0.025 8
0.6	0.081 6	0.002	0.007 57	0.4	−0.022 4
0.5	0.092	0	0	0.5	−0.019
0.4	0.096 1	0.002	−0.005 93	0.6	−0.015 6
0.3	0.094 2	0.004	−0.009 36	0.7	−0.012 2
0.2	0.085 6	0.006	−0.011 8	0.8	−0.008 8
0.15	0.076 3	0.008	−0.013 53	0.9	−0.005 4
0.1	0.064 2	0.012 5	−0.016 07	0.95	−0.002 9
0.075	0.055 75	0.025	−0.021 65	1	0
0.05	0.045 2	0.05	−0.027 1		

9. B 8452 B 翼型（Benedek）

B 8452 B 翼型（如图 4.24 所示）是弯度为 2％，厚度为 7.95％的翼型，其翼型数据如表 4.9 所列。

图 4.24　B 8452 B 翼型

10. B 10305 B 翼型（Benedek）

B 10305 B 翼型（如图 4.25 所示）是弯度为 5％，厚度为 10％的翼型，其翼型数据如表 4.10 所列。

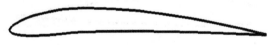

图 4.25　B 10305 B 翼型

表 4.9　B 8452 B 翼型数据

cm

X	Y	X	Y	X	Y
100	0.4	10	6.85	20	0
95	1.15	7.5	6.4	25	0.05
90	1.85	5	5.7	30	0.1
80	3.25	2.5	4.7	40	0.3
70	4.65	1.25	3.8	50	0.5
60	5.8	0	2.3	60	0.55
50	6.85	1.25	1.3	70	0.55
40	7.6	2.5	1	80	0.45
30	8	5	0.55	90	0.25
25	8	7.5	0.35	95	0.15
20	7.8	10	0.2	100	0
15	7.45	15	0.05		

表 4.10　B 10305 B 翼型数据

cm

X	Y	X	Y	X	Y
100	0.25	10	8.42	15	0.27
90	2.79	7.5	7.53	20	0.73
80	4.93	5	6.42	25	1.17
70	6.95	2.5	5	30	1.5
60	8.67	1.25	4.05	40	1.75
50	10	0	2.32	50	1.72
40	11	1.25	1.08	60	1.53
30	11.38	2.5	0.72	70	1.22
25	11.18	5	0.28	80	0.92
20	10.67	7.5	0.06	90	0.5
15	9.76	10	0	100	0

11. NACA2412 翼型

NACA2412 翼型（如图 4.26 所示）是弯度为 2%，最大弯度为弦向位置 40%，厚度为 12% 的翼型，其翼型数据如表 4.11 所列。

图 4.26　NACA2412 翼型

表 4.11　NACA2412 翼型数据

cm

X	Y	X	Y	X	Y
1	0.001 3	0.1	0.056 3	0.2	−0.042 3
0.95	0.011 4	0.075	0.049 6	0.25	−0.042 2
0.9	0.020 8	0.05	0.041 3	0.3	−0.041 2
0.8	0.037 5	0.025	0.029 9	0.4	−0.038
0.7	0.051 8	0.012 5	0.021 5	0.5	−0.033 4
0.6	0.063 6	0	0	0.6	−0.027 6
0.5	0.072 4	0.012 5	−0.016 5	0.7	−0.021 4
0.4	0.078	0.025	−0.022 7	0.8	−0.015
0.3	0.078 8	0.05	−0.030 1	0.9	−0.008 2
0.25	0.076 7	0.075	−0.034 6	0.95	−0.004 8
0.2	0.072 6	0.1	−0.037 5	1	−0.001 3
0.15	0.066 1	0.15	−0.041		

12. NACA4415 翼型

NACA4415 翼型(如图 4.27 所示)是弯度为 4%,最大弯度为弦向位置 40%,厚度为 15% 的翼型,其翼型数据如表 4.12 所列。

图 4.27　NACA4415 翼型

13. NACA63 – 210 翼型

NACA63 – 210 翼型(如图 4.28 所示)为 6 系列层流翼型,最大厚度为弦向位置 30%,设计升力系数为 0.2,厚度为 15%,其翼型数据如表 4.13 所列。

图 4.28　NACA63 – 210 翼型

14. NACA63(2)– 615 翼型

NACA63(2)– 615 翼型(如图 4.29 所示)是厚度为 15% 的翼型,其翼型数据如表 4.14 所列。

图 4.29　NACA63(2)– 615 翼型

表 4.12　NACA4415 翼型数据

cm

X	Y	X	Y	X	Y
1	0	0.222 21	0.105 84	0.308 66	−0.037
0.998 93	0.000 39	0.195 62	0.101 9	0.339 28	−0.035 47
0.995 72	0.001 56	0.170 33	0.097 26	0.370 59	−0.033 9
0.990 39	0.003 49	0.146 45	0.091 95	0.402 45	−0.032 29
0.982 96	0.006 1	0.124 08	0.086 07	0.434 74	−0.030 63
0.973 47	0.009 32	0.103 32	0.079 7	0.467 3	−0.028 91
0.961 94	0.013 03	0.084 27	0.072 83	0.5	−0.027 13
0.948 44	0.017 16	0.066 99	0.065 41	0.532 7	−0.025 29
0.933 01	0.021 66	0.051 56	0.057 53	0.565 26	−0.023 4
0.915 73	0.026 52	0.038 06	0.049 37	0.597 55	−0.021 49
0.896 68	0.031 71	0.026 53	0.041 18	0.629 41	−0.019 58
0.875 92	0.037 17	0.017 04	0.033 03	0.660 72	−0.017 72
0.853 55	0.042 83	0.009 61	0.024 89	0.691 34	−0.015 96
0.829 67	0.048 63	0.004 28	0.016 54	0.721 14	−0.014 3
0.804 38	0.054 53	0.001 07	0.008 25	0.75	−0.012 77
0.777 79	0.060 48	0	0.000 75	0.777 79	−0.011 36
0.75	0.066 42	0.001 07	−0.005 66	0.804 38	−0.010 06
0.721 14	0.072 27	0.004 28	−0.011 02	0.829 67	−0.008 86
0.691 34	0.077 95	0.009 61	−0.015 9	0.853 55	−0.007 75
0.660 72	0.083 41	0.017 04	−0.020 61	0.875 92	−0.006 74
0.629 41	0.088 58	0.026 53	−0.025 02	0.896 68	−0.005 83
0.597 55	0.093 41	0.038 06	−0.029 15	0.915 73	−0.005 02
0.565 26	0.097 85	0.051 56	−0.032 81	0.933 01	−0.004 31
0.532 7	0.101 85	0.066 99	−0.035 82	0.948 44	−0.003 64
0.5	0.105 38	0.084 27	−0.038 17	0.961 94	−0.002 97
0.467 3	0.108 37	0.103 32	−0.039 91	0.973 47	−0.002 27
0.434 74	0.110 76	0.124 08	−0.041 06	0.982 96	−0.001 56
0.402 45	0.112 48	0.146 45	−0.041 66	0.990 39	−0.000 92
0.370 59	0.113 45	0.170 33	−0.041 77	0.995 72	−0.000 42
0.339 28	0.113 61	0.195 62	−0.041 47	0.998 93	−0.000 11
0.308 66	0.112 94	0.222 21	−0.040 78	1	0
0.278 86	0.111 41	0.25	−0.039 74		
0.25	0.109 03	0.278 86	−0.038 45		

表 4. 13　NACA63 - 210 翼型数据

cm

X	Y	X	Y	X	Y
1	0	0. 148 9	0. 046 65	0. 200 98	−0. 036 48
0. 950 1	0. 005 3	0. 098 82	0. 038 77	0. 250 83	−0. 038 57
0. 900 21	0. 012 12	0. 073 82	0. 033 72	0. 300 67	−0. 039 66
0. 850 3	0. 017 61	0. 048 86	0. 027 53	0. 350 49	−0. 039 7
0. 800 36	0. 024 14	0. 023 98	0. 019 39	0. 400 32	−0. 038 67
0. 750 38	0. 030 61	0. 011 62	0. 013 79	0. 450 15	−0. 036 71
0. 700 36	0. 036 84	0. 006 69	0. 011 07	0. 5	−0. 033 93
0. 650 32	0. 042 64	0. 004 3	0. 008 76	0. 549 87	−0. 030 45
0. 600 24	0. 047 86	0	0	0. 589 76	−0. 026 44
0. 550 13	0. 052 35	0. 005 7	−0. 007 76	0. 649 68	−0. 022 04
0. 5	0. 055 99	0. 008 31	−0. 009 67	0. 699 64	−0. 017 4
0. 449 85	0. 058 61	0. 013 38	−0. 011 65	0. 749 62	−0. 012 71
0. 399 68	0. 060 09	0. 026 02	−0. 015 67	0. 799 64	−0. 008 22
0. 349 51	0. 060 3	0. 051 14	−0. 021 21	0. 849 7	−0. 004 15
0. 299 33	0. 059 1	0. 076 18	−0. 025 24	0. 899 79	−0. 000 87
0. 249 17	0. 056 47	0. 101 18	−0. 028 43	0. 949 9	0. 001 2
0. 199 02	0. 052 4	0. 151 1	−0. 033 19	1	0

表 4. 14　NACA63(2)-615 翼型数据

cm

X	Y	X	Y	X	Y
1	0	0. 145 04	0. 080 1	0. 204 42	−0. 042 9
0. 950 42	0. 012 45	0. 094 73	0. 065 78	0. 253 75	−0. 044 6
0. 900 89	0. 023 98	0. 069 73	0. 056 67	0. 303	−0. 044 99
0. 851 27	0. 035 55	0. 044 92	0. 045 6	0. 352 22	−0. 044 07
0. 801 53	0. 046 93	0. 020 5	0. 031 29	0. 401 43	−0. 041 72
0. 751 63	0. 058	0. 008 66	0. 021 59	0. 450 68	−0. 038 14
0. 701 59	0. 068 47	0. 004 18	0. 016 34	0. 5	−0. 033 56
0. 651 39	0. 078 09	0. 002 05	0. 013 17	0. 549 42	−0. 028 23
0. 601 05	0. 086 65	0	0	0. 598 95	−0. 022 39
0. 550 58	0. 093 93	0. 007 95	−0. 010 17	0. 648 61	−0. 016 29
0. 5	0. 099 74	0. 010 82	−0. 012 14	0. 698 41	−0. 010 15
0. 449 32	0. 103 84	0. 016 34	−0. 015 17	0. 748 37	−0. 004 3
0. 398 57	0. 105 98	0. 029 5	−0. 020 13	0. 798 47	0. 000 83
0. 347 78	0. 105 87	0. 055 08	−0. 026 64	0. 848 73	0. 004 83
0. 297	0. 103 31	0. 080 27	−0. 031 23	0. 899 11	0. 007 04
0. 246 25	0. 098 3	0. 105 27	−0. 034 76	0. 949 58	0. 006 51
0. 195 58	0. 090 66	0. 154 96	−0. 039 72	1	0

15. NACA64 - A - 410 翼型

NACA64 - A - 410 翼型(如图 4. 30 所示)是厚度为 10％的翼型,其翼型数据如表 4. 15、

表 4.16 所列。

图 4.30 NACA64 - A - 410 翼型

表 4.15 NACA64 - A - 410 翼型数据

cm

X	Y	X	Y	X	Y
1	0.000 21	0.147 48	0.053 66	0.202 3	−0.024 06
0.950 53	0.010 28	0.097 37	0.043 8	0.252	−0.024 99
0.901 04	0.020 38	0.072 3	0.038 65	0.301 66	−0.025 37
0.851 48	0.030 18	0.047 49	0.030 34	0.351 29	−0.025 18
0.801 51	0.039 67	0.022 76	0.020 95	0.400 9	−0.024 36
0.751 26	0.047 8	0.010 59	0.014 51	0.450 5	−0.022 66
0.701 08	0.054 8	0.005 82	0.011 12	0.500 11	−0.020 24
0.650 85	0.061 06	0.003 5	0.009 02	0.549 75	−0.017 36
0.600 57	0.066 24	0	0	0.599 43	−0.014 18
0.550 25	0.070 4	0.006 5	−0.006 78	0.649 15	−0.010 86
0.499 89	0.073 44	0.009 18	−0.007 96	0.698 92	−0.007 6
0.449 5	0.075 22	0.014 41	−0.009 69	0.748 74	−0.004 6
0.399 1	0.075 52	0.027 24	−0.012 51	0.798 49	−0.002 29
0.348 71	0.074 14	0.052 51	−0.015 92	0.848 52	−0.001 32
0.298 34	0.071 31	0.077 7	−0.019 19	0.898 96	−0.000 76
0.248	0.067 05	0.102 63	−0.019 96	0.949 47	−0.000 48
0.197 7	0.061 26	0.152 52	−0.022 44	1	−0.000 21

表 4.16 NACA64 - A - 410 翼型性能参数

cm

厚 度	10%	最大升力系数	1.056
弯 度	2.7%	最大升力系数对应迎角	12
最大升阻比	48.933	零升迎角	−3
最大升阻比对应迎角	3.5	失速角	3.5

16. NACA23012 翼型

NACA23012 翼型(如图 4.31 所示)是弯度为 1.38%,厚度为 12% 的翼型,其翼型数据如表 4.17 所列。

图 4.31 NACA23012 翼型

表 4.17　NACA23012 翼型数据

cm

X	Y	X	Y	X	Y
1.000 03	0.001 26	0.207 38	0.075 24	0.344 18	−0.045 1
0.997 3	0.001 7	0.166 04	0.073 2	0.394 76	−0.044 82
0.989 14	0.003 02	0.127 32	0.069 15	0.446 5	−0.043 71
0.975 63	0.005 18	0.092 3	0.062 65	0.498 83	−0.041 88
0.956 93	0.008 12	0.062 03	0.053 82	0.551 17	−0.039 45
0.933 24	0.011 76	0.037 3	0.043 24	0.602 96	−0.036 55
0.904 82	0.016 02	0.018 65	0.031 76	0.653 6	−0.033 27
0.871 97	0.020 79	0.006 28	0.020 3	0.702 57	−0.029 75
0.835 06	0.025 97	0.000 15	0.009 56	0.749 3	−0.026 07
0.794 49	0.031 45	0	0	0.793 3	−0.022 35
0.750 7	0.037 12	0.005 33	−0.007 92	0.834 07	−0.018 66
0.704 17	0.042 85	0.015 57	−0.014 01	0.871 18	−0.015 12
0.655 41	0.048 54	0.030 29	−0.018 7	0.904 2	−0.011 8
0.604 96	0.054 05	0.049 15	−0.022 48	0.932 79	−0.008 8
0.553 35	0.059 24	0.071 95	−0.025 86	0.956 61	−0.006 21
0.501 17	0.063 97	0.098 68	−0.029 22	0.975 43	−0.004 1
0.448 97	0.068 11	0.129 54	−0.032 82	0.989 01	−0.002 54
0.397 33	0.071 5	0.164 83	−0.036 6	0.997 22	−0.001 58
0.346 81	0.074 02	0.204 83	−0.040 16	0.999 97	−0.001 26
0.297 96	0.075 54	0.248 69	−0.042 83		
0.251 31	0.075 97	0.295 31	−0.044 46		

17. E59 翼型

E59 翼型(如图 4.32 所示)是弯度为 5.2%,厚度为 5.6% 的翼型,其翼型数据如表 4.18 所列。

图 4.32　E59 翼型

表 4.18　E59 翼型数据

cm

X	Y	X	Y	X	Y
1	0	0.1	0.046	0.2	0.008
0.95	0.018	0.075	0.039 5	0.25	0.012
0.9	0.032	0.05	0.032	0.3	0.016
0.8	0.052	0.025	0.022	0.4	0.023
0.7	0.065	0.012 5	0.016	0.5	0.028
0.6	0.073	0	0	0.6	0.031
0.5	0.076	0.012 5	−0.006	0.7	0.03
0.4	0.077	0.025	−0.007	0.8	0.027
0.3	0.072	0.05	−0.006	0.9	0.019
0.25	0.068	0.075	−0.004	0.95	0.012
0.2	0.063	0.1	−0.002	1	0
0.15	0.056	0.15	0.003		

18. E66 翼型

E66 翼型(如图 4.33 所示)是弯度为 3.98%,厚度为 10.1% 的翼型,其翼型数据如表 4.19 所列。

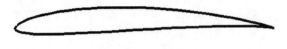

图 4.33   E66 翼型

表 4.19   E66 翼型数据

cm

X	Y	X	Y	X	Y
1	0	0.244 35	0.079 72	0.265 47	−0.019 05
0.996 7	0.001 02	0.204 18	0.075 04	0.314 35	−0.016 46
0.987 43	0.004 11	0.166 84	0.069 36	0.365 72	−0.013 46
0.973 2	0.008 93	0.132 65	0.062 77	0.419	−0.010 21
0.954 41	0.014 66	0.101 92	0.055 39	0.473 59	−0.006 84
0.930 98	0.020 92	0.074 9	0.047 37	0.528 85	−0.003 5
0.903 05	0.027 72	0.051 82	0.038 86	0.584 12	−0.000 33
0.871 1	0.034 97	0.032 83	0.030 06	0.638 71	0.002 55
0.835 56	0.042 47	0.018 07	0.021 2	0.691 93	0.005
0.796 89	0.049 96	0.007 59	0.012 59	0.743 09	0.006 92
0.755 5	0.057 22	0.001 5	0.004 69	0.791 48	0.008 23
0.711 79	0.064 03	0.000 21	−0.001 59	0.836 42	0.008 85
0.666 2	0.070 21	0.004 57	−0.006 74	0.877 23	0.008 76
0.619 16	0.075 61	0.014 64	−0.011 62	0.913 26	0.007 97
0.571 13	0.080 1	0.029 77	−0.015 82	0.943 85	0.006 48
0.522 54	0.083 55	0.049 87	−0.019 12	0.968 29	0.004 43
0.473 86	0.085 88	0.074 84	−0.021 42	0.985 93	0.002 27
0.425 51	0.087 05	0.104 54	−0.022 72	0.996 49	0.000 62
0.377 96	0.087 01	0.138 76	−0.023 05	1	0
0.331 64	0.085 75	0.177 24	−0.022 47		
0.286 96	0.083 31	0.219 61	−0.021 1		

19. E201 翼型

E201 翼型(如图 4.34 所示)是弯度为 3.1%,厚度为 11.9% 的翼型,其翼型数据如表 4.20 所列。

图 4.34   E201 翼型

表 4.20　E201 翼型数据

cm

X	Y	X	Y	X	Y
1	0	0.224 84	0.080 42	0.288 83	−0.031 57
0.996 53	0.000 58	0.186 42	0.074 96	0.337 53	−0.030 1
0.986 5	0.002 5	0.150 78	0.068 47	0.388 23	−0.027 76
0.970 69	0.005 89	0.118 28	0.061 12	0.440 69	−0.024 71
0.949 77	0.010 42	0.089 25	0.053 05	0.494 39	−0.021 31
0.924 06	0.015 65	0.063 96	0.044 43	0.548 64	−0.017 83
0.893 69	0.021 41	0.042 64	0.035 45	0.602 72	−0.014 44
0.858 99	0.027 71	0.025 47	0.026 32	0.655 91	−0.011 25
0.820 48	0.034 54	0.012 58	0.017 31	0.707 49	−0.008 39
0.778 71	0.041 76	0.004 07	0.008 76	0.756 76	−0.005 91
0.734 27	0.049 23	0.000 11	0.001 28	0.803 05	−0.003 86
0.687 77	0.056 77	0.001 87	−0.004 88	0.845 72	−0.002 25
0.639 84	0.064 19	0.009 64	−0.010 46	0.884 16	−0.001 07
0.591 1	0.071 22	0.022 58	−0.015 74	0.917 82	−0.000 27
0.542 22	0.077 54	0.040 55	−0.020 41	0.946 25	0.000 25
0.493 65	0.082 71	0.063 41	−0.024 37	0.969 12	0.000 51
0.445 72	0.086 44	0.090 97	−0.027 56	0.986 02	0.000 45
0.398 7	0.088 55	0.122 98	−0.029 93	0.996 46	0.000 17
0.352 85	0.088 95	0.159 16	−0.031 49	1	0
0.308 43	0.087 64	0.199 15	−0.032 27		
0.265 65	0.084 71	0.242 53	−0.032 28		

20. E331 翼型

E331 翼型(如图 4.35)是弯度为 2.6%,厚度为 11.3%的翼型,其翼型数据如表 4.21所列。

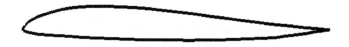

图 4.35　E331 翼型

表 4.21　E331 翼型数据

cm

X	Y	X	Y	X	Y
1	0	0.080 92	−0.019 42	0.156 6	0.074 25
0.996 36	−0.000 34	0.053 52	−0.016 61	0.191 51	0.078 48
0.985 88	−0.001 67	0.031 43	−0.013 4	0.229 32	0.080 91
0.969 45	−0.004 28	0.014 89	−0.009 7	0.269 92	0.081 42
0.947 84	−0.007 93	0.007 31	−0.007 09	0.313 21	0.080 03
0.921 53	−0.012 35	0.004 57	−0.005 86	0.359 06	0.076 97
0.891 14	−0.017 36	0.003 07	−0.005 01	0.407 07	0.072 53
0.857 39	−0.022 44	0.001 83	−0.004 15	0.456 84	0.066 95
0.820 49	−0.026 8	0.001 32	−0.003 71	0.507 86	0.060 54
0.780 19	−0.030 12	0.000 9	−0.003 26	0.559 59	0.053 57
0.736 59	−0.032 68	0.000 57	−0.002 81	0.611 42	0.046 36
0.690 18	−0.034 64	0.000 35	−0.002 31	0.662 7	0.039 17
0.641 48	−0.036 03	0.000 18	−0.001 76	0.712 73	0.032 28
0.591 02	−0.036 87	0.000 08	−0.001 17	0.760 79	0.025 9
0.539 36	−0.037 17	0.000 1	0.001 47	0.806 15	0.020 2
0.487 06	−0.036 95	0.000 57	0.003 67	0.848 09	0.015 27
0.434 69	−0.036 24	0.001 65	0.006 54	0.885 93	0.011 16
0.382 81	−0.035 06	0.007 46	0.015 36	0.919 04	0.007 84
0.332	−0.033 46	0.017 36	0.024 86	0.946 85	0.005 14
0.282 8	−0.031 49	0.031 27	0.034 54	0.969 11	0.002 84
0.235 75	−0.029 24	0.049 11	0.044 03	0.985 77	0.001 07
0.191 41	−0.026 84	0.070 75	0.053 03	0.996 34	0.000 19
0.150 41	−0.024 4	0.096 01	0.061 25	1	0
0.113 37	−0.021 94	0.124 7	0.068 41		

21. S2027 翼型(Selig 类)

S2027 翼型(如图 4.36 所示)是弯度为 2.75%，厚度为 14.5%的翼型，其翼型数据如表 4.22 所列。

图 4.36　S2027 翼型

表 4.22　S2027 翼型数据

cm

X	Y	X	Y	X	Y
1	0	0.212 54	0.093 21	0.247 73	−0.045 46
0.996 47	0.000 37	0.175 89	0.087 69	0.293 5	−0.045 74
0.986 04	0.001 64	0.142 16	0.080 64	0.341 54	−0.045 04
0.969 16	0.004 13	0.111 53	0.072 24	0.391 39	−0.043 38
0.946 35	0.007 98	0.084 19	0.062 74	0.442 56	−0.040 76
0.918 25	0.013 21	0.060 33	0.052 4	0.494 65	−0.037 21
0.885 48	0.019 7	0.040 12	0.041 59	0.547 23	−0.032 85
0.848 7	0.027 25	0.023 8	0.030 64	0.599 94	−0.027 92
0.808 52	0.035 6	0.011 56	0.019 92	0.652 25	−0.022 82
0.765 53	0.044 44	0.003 57	0.009 8	0.703 42	−0.017 9
0.720 28	0.053 46	0.000 04	0.000 9	0.752 7	−0.013 4
0.673 32	0.062 36	0	0	0.799 32	−0.009 46
0.625 16	0.070 84	0.002 26	−0.006 27	0.842 57	−0.006 17
0.576 28	0.078 65	0.010 78	−0.012 62	0.881 76	−0.003 6
0.527 17	0.085 54	0.024 76	−0.018 94	0.916 25	−0.001 74
0.478 31	0.091 3	0.043 76	−0.024 88	0.945 45	−0.000 55
0.430 16	0.095 71	0.067 52	−0.030 27	0.968 84	0.000 05
0.383 1	0.098 57	0.095 81	−0.034 97	0.985 97	0.000 2
0.337 47	0.099 78	0.128 33	−0.038 9	0.996 46	0.000 09
0.293 61	0.099 29	0.164 74	−0.042	1	0
0.251 86	0.097 09	0.204 67	−0.044 2		

22. SD2030 翼型(Selig Donovan 翼型)

SD2030 翼型(如图 4.37 所示)是弯度为 2.25%,厚度为 8.56% 的翼型,其翼型数据如表 4.23 所列。

图 4.37　SD2030 翼型

表 4.23　SD2030 翼型数据

cm

X	Y	X	Y	X	Y
1	0	0.220 34	0.059 17	0.301 91	−0.021 7
0.996 65	0.000 49	0.180 69	0.055 76	0.352 08	−0.021 06
0.986 86	0.002 12	0.144 32	0.051 57	0.403 96	−0.020 18
0.971 28	0.005 1	0.111 58	0.046 64	0.456 93	−0.019 08
0.950 59	0.009 3	0.082 73	0.041	0.510 38	−0.017 8
0.925 35	0.014 38	0.057 98	0.034 75	0.563 68	−0.016 34
0.895 93	0.019 92	0.037 52	0.028 03	0.616 21	−0.014 71
0.862 52	0.025 64	0.021 5	0.020 96	0.667 38	−0.012 86
0.825 42	0.031 5	0.009 95	0.013 71	0.716 7	−0.010 76
0.785 12	0.037 42	0.002 81	0.006 57	0.763 73	−0.008 48
0.742 19	0.043 2	0	0.000 17	0.808 02	−0.006 16
0.697 09	0.048 56	0.002 49	−0.005 01	0.849 06	−0.003 98
0.650 19	0.053 28	0.010 71	−0.009 35	0.886 32	−0.002 1
0.601 89	0.057 24	0.024 19	−0.013 06	0.919 25	−0.000 66
0.552 59	0.060 38	0.042 96	−0.016 01	0.947 28	0.000 24
0.502 73	0.062 68	0.066 93	−0.018 29	0.969 85	0.000 59
0.452 82	0.064 15	0.095 84	−0.019 97	0.986 43	0.000 49
0.403 36	0.064 78	0.129 41	−0.021 13	0.996 59	0.000 17
0.354 88	0.064 6	0.167 27	−0.021 83	1.000 01	0
0.307 88	0.063 6	0.208 96	−0.022 13		
0.262 88	0.061 79	0.254 01	−0.022 07		

23. Eppler387 翼型

Eppler387 翼型(如图 4.38 所示)是弯度为 3.8%,厚度为 9.07% 的翼型,其翼型数据如表 4.24 所列。

图 4.38　Eppler387 翼型

表 4.24　Eppler387 翼型数据

cm

X	Y	X	Y	X	Y
1	0	0.227 42	0.075 29	0.288 92	−0.009 98
0.996 77	0.000 43	0.189 06	0.070 37	0.339 68	−0.008 04
0.987 29	0.001 8	0.153 45	0.064 48	0.392 52	−0.006 05
0.971 98	0.004 23	0.120 94	0.057 75	0.446 79	−0.004 1
0.951 28	0.007 63	0.091 85	0.050 33	0.501 82	−0.002 28
0.925 54	0.011 84	0.066 43	0.042 38	0.556 94	−0.000 65
0.895 1	0.016 79	0.044 93	0.034 08	0.611 47	0.000 74
0.860 35	0.022 42	0.027 48	0.025 62	0.664 72	0.001 86
0.821 83	0.028 66	0.014 23	0.017 26	0.716 02	0.002 68
0.780 07	0.035 4	0.005 19	0.009 31	0.764 75	0.003 2
0.735 67	0.042 49	0.000 44	0.002 34	0.810 27	0.003 42
0.689 22	0.049 75	0.000 91	−0.002 86	0.852 02	0.003 37
0.641 36	0.056 96	0.007 17	−0.006 82	0.889 44	0.003 07
0.592 72	0.063 9	0.018 9	−0.010 17	0.922 05	0.002 58
0.543 94	0.070 2	0.035 96	−0.012 65	0.949 42	0.001 96
0.495 49	0.075 46	0.058 27	−0.014 25	0.971 18	0.001 32
0.447 67	0.079 36	0.085 69	−0.015	0.987 05	0.000 71
0.400 77	0.081 73	0.118	−0.015 02	0.996 74	0.000 21
0.355 05	0.082 47	0.154 9	−0.014 41	1	0
0.310 78	0.081 56	0.195 99	−0.013 29		
0.268 13	0.079 08	0.240 83	−0.011 77		

24. S1223 翼型

S1223 翼型(如图 4.39 所示)是弯度为 8.7％,厚度为 12.1％的翼型,其翼型数据如表 4.25 所列。

图 4.39　S1223 翼型

表 4.25　S1223 翼型数据

cm

X	Y	X	Y	X	Y
1	0	0.314 88	0.135 26	0.112 82	−0.009 25
0.998 38	0.001 26	0.283 47	0.135 05	0.140 2	−0.005 63
0.994 17	0.004 94	0.253 7	0.133 46	0.170 06	−0.000 75
0.988 25	0.010 37	0.225 41	0.130 37	0.202 78	0.005 35
0.980 75	0.016 46	0.198 46	0.125 94	0.238 4	0.012 13
0.971 11	0.022 5	0.172 86	0.120 26	0.276 73	0.019 28
0.958 84	0.028 53	0.148 63	0.113 55	0.317 5	0.026 52
0.943 89	0.034 76	0.125 91	0.105 98	0.360 44	0.033 58
0.926 39	0.041 16	0.104 82	0.097 7	0.405 19	0.040 21
0.906 41	0.047 68	0.085 45	0.088 79	0.451 39	0.046 18
0.884 06	0.054 27	0.067 89	0.079 4	0.498 6	0.051 29
0.859 47	0.060 89	0.052 23	0.069 65	0.546 39	0.055 34
0.832 77	0.067 49	0.038 55	0.059 68	0.594 28	0.058 2
0.804 12	0.074 02	0.026 94	0.049 66	0.641 76	0.059 76
0.773 69	0.080 44	0.017 55	0.039 61	0.688 32	0.059 94
0.741 66	0.086 71	0.010 28	0.029 54	0.733 44	0.058 72
0.708 23	0.092 77	0.004 95	0.019 69	0.776 6	0.056 12
0.673 6	0.098 59	0.001 55	0.010 33	0.817 29	0.052 19
0.637 98	0.104 12	0.000 05	0.001 78	0.855	0.047 06
0.601 58	0.109 35	0.000 44	−0.005 61	0.889 28	0.040 88
0.564 65	0.114 25	0.002 64	−0.011 2	0.919 66	0.033 87
0.527 44	0.118 81	0.007 89	−0.014 27	0.945 73	0.026 24
0.490 25	0.123 03	0.017 18	−0.015 5	0.966 93	0.018 22
0.453 4	0.126 83	0.030 06	−0.015 84	0.982 55	0.010 6
0.417 21	0.130 11	0.046 27	−0.015 32	0.992 68	0.004 68
0.381 93	0.132 71	0.065 61	−0.014 04	0.998 25	0.001 15
0.347 77	0.134 47	0.087 87	−0.012 02	1	0

25. RAF－6 翼型

RAF－6 翼型(如图 4.40 所示)是弯度为 4.6%,厚度为 10% 的翼型,其翼型数据如表 4.26 所列。

图 4.40　RAF－6 翼型

表 4.26　RAF - 6 翼型数据

cm

X	Y	X	Y	X	Y
1	0.001 5	0.099 73	0.074 26	0.400 01	−0.003 66
0.899 88	0.033 14	0.049 81	0.054 08	0.500 01	−0.003 3
0.799 81	0.053 78	0.024 87	0.035 99	0.600 01	−0.002 94
0.699 74	0.071 42	0	0	0.700 01	−0.002 58
0.599 7	0.084 06	0.025 02	−0.005 01	0.800 01	−0.002 22
0.499 67	0.091 7	0.050 02	−0.004 92	0.900 01	−0.001 86
0.399 66	0.095 34	0.100 02	−0.004 74	1	−0.001 5
0.299 66	0.095 78	0.200 02	−0.004 38		
0.199 67	0.090 62	0.300 01	−0.004 02		

4.7　雷诺数对低速翼型绕流气动力的影响

翼型雷诺数是以翼型弦长和来流速度为特征尺度计算得到的。雷诺数是用于判别黏性流体流动状态的一个无量纲数,是流体力学中表征黏性影响的相似准则数。

1880 年,英国科学家雷诺(Osborne Reynolds,1842—1912,见图 4.41)观察了流体在圆管内的流动后首次指出,流体的流动形态除了与流速 V 有关外,还与管径 d、流体的黏度 μ、流体密度 ρ 有关。雷诺数定义为

$$Re = \rho V d / \mu$$

雷诺数物理上表示惯性力和黏性力的比值。如果两个几何相似流场的雷诺数相等,则对应微团的惯性力与黏性力之比相等。若雷诺数较小,则表征黏滞力对流场的影响较大,流场中的扰动会因黏滞力而衰减,流体流动稳定为层流;反之,若雷诺数较大,则表征惯性对流场的影响大于黏滞力,流体中的扰动不稳定,容易发展和增强,形成紊乱不规则的紊流。

图 4.41　英国物理学家雷诺

雷诺数小意味着黏性力影响显著,雷诺数大意味着惯性力影响显著。雷诺数很小的流动,例如雾珠的降落或润滑膜内的流动过程,其特点是黏性效应在整个流场中都是重要的。雷诺数很大的流动,例如飞机在巡航飞行时雷诺数可达 10^7,其特点是流体黏性对气流绕过机翼流动的影响只限于机翼壁面附近区和机翼的尾流中。对于惯性力和黏性力起重要作用的流动,欲使二者在几何相似的流动(几何相似比为 $n=L_p/L_m$,下标 p 代表实物,m 代表模型)中满足动力相似条件,必须保证模型和原型的雷诺数相等。例如,在同一种流体中进行模拟实验,动力相似条件为 $v_m=nv_p$,即模型缩小 n 倍,速度就要增大 n 倍。

物体在不可压缩黏性流体中做定常平面运动时,所有的无量纲数由两个参数确定:攻角 α 和雷诺数 Re。为了实现动力相似,除了要求模型和实物几何相似外,还必须保证攻角和雷诺

数相等。第一个条件总是容易实现的,而第二个条件一般很难完全满足。特别是当被绕流物体尺度比较大时,模型比实物小很多倍,就需要大幅改变流体绕流速度、密度和黏度。这在实际中是很困难的,因为在低速风洞中,风速的提高总是有一定限度的,所以相似律不能严格满足,只能近似实现。当然,这样做会对空气动力学特性有影响,例如,最大升力系数会降低,最小阻力系数会升高等。但是,只要实物的雷诺数 Re_p 和模型的雷诺数 Re_m 相差不太大,就可以利用某些经验方法加以修正,使实验结果在实践中仍能应用。当然,最好的办法是建造巨大的、可在其中对真实飞机吹风的风洞,或建造压缩空气(密度较大)在其中作用的循环式闭口风洞,以便达到加大模型试验雷诺数的目的。

空气作为黏性流体,翼型气动力的求解不仅与边界条件有关,还与雷诺数有关。若雷诺数很小,则黏性力是主要因素,压力项主要与黏性力项平衡;若雷诺数很大,黏性力项成为次要因素,压力项主要与惯性力项平衡。因此,在不同的雷诺数范围内,流体流动不同,物体所受阻力也不同。当雷诺数小时,阻力正比于速度、黏度以及特征长度;当雷诺数大时,阻力近似正比于速度平方、密度以及特征长度平方。

习　题

4-1　有一架低速飞行的机翼,采用了 NACA2415 翼型(如图 4.42 所示),NACA2415 翼型数据如表 4.27 所列,问此翼型的相对厚度 $\bar{c}$、相对弯度 $\bar{f}$ 和最大弯度对应的弦向值 $\bar{x}_f$ 各等于多少?

图 4.42　NACA2415 翼型

表 4.27　NACA2415 翼型数据

cm

X	Y	X	Y	X	Y
1	0.001 6	0.1	0.068 3	0.2	−0.056 6
0.95	0.013 4	0.075	0.060 6	0.25	−0.057
0.9	0.024 5	0.05	0.050 7	0.3	−0.056 2
0.8	0.044 1	0.025	0.037 1	0.4	−0.052 5
0.7	0.061	0.012 5	0.027 1	0.5	−0.046 7
0.6	0.075	0	0	0.6	−0.039
0.5	0.085 7	0.012 5	−0.020 6	0.7	−0.030 5
0.4	0.092 5	0.025	−0.028 6	0.8	−0.021 5
0.3	0.093 8	0.05	−0.038 4	0.9	−0.011 7
0.25	0.091 7	0.075	−0.044 7	0.95	−0.006 8
0.2	0.087	0.1	−0.049	1	−0.001 6
0.15	0.079 7	0.15	−0.054 2		

4-2　考虑小 α 下的平板翼型的绕流问题,试证明 $\gamma(\theta)$ 可以有以下两种形式的解:

① $\gamma(\theta) = 2v_\infty \alpha \dfrac{\cos\theta}{\sin\theta}$

② $\gamma(\theta) = 2v_\infty \alpha \dfrac{\cos\theta + 1}{\sin\theta}$

其中,解①不满足后缘条件,解②满足后缘条件。

4-3　有一个平板翼型,后段为 1/3 弦长的平板襟翼。若襟翼下偏 15°,试求当 $\alpha = 5°$ 时的升力系数值。

4-4　一个弯板翼型,弦长 $c = 1$,$y_f = kx(x-1)(x-2)$,其中,k 为常数,$\bar{f} = 2\%$。试求迎角为 3°时的升力系数 C_L 以及力矩系数 C_m。

第 5 章　机翼及其气动力

5.1　机翼的平面形状特征

飞机机翼外形五花八门、多种多样,有平直的、三角的,也有后掠的、前掠的等(如图 5.1 所示)。不同机翼形状的特点如下:

1. 矩形机翼(如图 5.1(a)所示)

矩形机翼是沿展向弦长不变的直机翼。这种机翼的优点是外形简单,便于加工制造,造价低廉,在航空发展的初期常常被采用。现在有些轻型飞机也常采用。

2. 梯形机翼(如图 5.1(b)所示)

梯形机翼是从翼根到翼尖弦长逐渐减小,平面形状为梯形的机翼。梯形机翼具有比矩形机翼更小的诱导阻力,当梯形机翼的根梢比为 2~3 时,沿展向的环量分布很接近椭圆形机翼;当机翼的根梢比大于 3 时,翼梢的有效迎角比翼根的有效迎角大,当迎角增大时,容易发生失速,对横向稳定性和操纵性不利。

3. 后掠翼(如图 5.1(c)所示)

对于矩形机翼或梯形机翼而言,如果 25% 机翼弦长的展向等百分比弦线后掠角为零,则该机翼为非后掠翼,否则就是后掠翼或者前掠翼。低速飞机一般没有必要采用后掠翼,因为不需要利用后掠来解决气动力问题。对于低速飞机而言,如果采用后掠主要是因为要利用后掠来调配重心和焦点间的相对位置,保证飞机的纵向稳定性。后掠翼的不足是其升力线斜率和最大升力系数比平直机翼小,而且俯仰力矩特性呈现非线性,容易发生局部不稳定。

4. 变后掠翼(如图 5.1(d)所示)

高速和低速气动特性对机翼的要求是相互矛盾的。低速飞行,要求展弦比大,后掠角小,以便于提高升阻比,同时要求增大升力线斜率和最大升力系数,以便于减小着陆速度,增大航程等;超声速飞行,要求机翼的展弦比小(因为诱导阻力在总阻力中所占的比例小),后掠角大,以便于减小波阻提高超声速性能。变后掠翼就是为了兼顾低速和高速飞行特性发展而来的。纯粹从气动角度看,变后掠翼有比较理想的气动布局,其最大的缺点是机翼结构复杂、质量重。

5. 三角翼(如图 5.1(e)所示)

平面形状是三角形的机翼称为三角翼。与后掠翼比较,三角翼结构刚度好、质量轻,在相同的翼型相对厚度的情况下,由于根弦比较长,其最大绝对厚度大,抗弯能力强。在相同载荷下,三角翼机翼结构厚度小,最大厚度也小,有利于减小机翼的厚度波阻。

6. S 形机翼(如图 5.1(f)所示)

机翼前缘呈现 S 形的细长翼称为 S 形机翼。其设计原理和双三角翼相同,只是将内翼和外翼用曲线连接起来。为了提高亚声速飞行的升阻比,翼梢区的后掠角变小,翼尖变圆,这样机翼前缘就呈现 S 形。曲线的前缘类似于前翼,可以控制前缘涡的发生与运动方向,对外翼的增升效果很好。

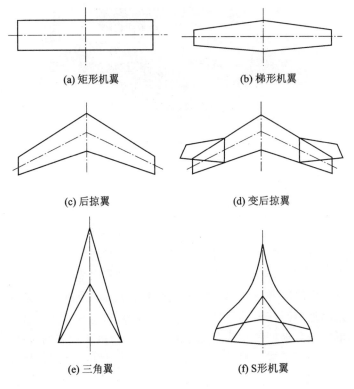

(a) 矩形机翼　　　　　　　　　(b) 梯形机翼

(c) 后掠翼　　　　　　　　　(d) 变后掠翼

(e) 三角翼　　　　　　　　　(f) S形机翼

图 5.1　机翼的平面形状

　　总之,不论机翼采用什么样的形状,设计者都必须使飞机具有良好的气动外形,并且尽可能减轻结构质量。所谓良好的气动外形,是指机翼的升力大、阻力小、操纵稳定性好。对于低速机翼,为了减小诱导阻力,常采用较大展弦比的平直机翼;对于运输机,多采用上单翼(便于装货);对于高亚声速客机,为了抑制激波,一般采用后掠下单翼,正常式布局(升阻比大、经济性好、座舱噪声低、视野宽),在机身下半部放置货物;对于战斗机,多数采用中或下单翼、三角翼、大后掠翼,正常或鸭式布局(速度快、阻力小、机动灵活、失速迎角大)。

5.2　不同飞机的机翼平面形状

5.2.1　美国隐身无人机 X–47B

　　X–47B 隐身无人机(如图 5.2 所示)是美国一试验型无人战斗航空器,由美国诺斯罗普·格鲁曼公司研制,时速可达 800 km/h,最大飞行高度可达 12 000 m,最大起飞质量为 20.215 kg。X–47B 隐身无人机外形与 B–2 型隐形轰炸机极其相似,机身长度为 11.63 m,翼展长为 18.92 m(折叠后 9.4 m),被称为缩小版的 B–2。X–47B 隐身无人机是无尾翼机,对所有波段的雷达波的隐身性能都极高。因为没有尾翼,所以可以在着陆时采用大迎角便于减速,并且也不会影响视野。其中,外翼是由铝合金部件和碳纤维环氧复合材料蒙皮组成,其尺寸大约为 4.88 m×1.22 m(16 英尺×4 英尺)。每个机翼都装有副翼,并拥有高度集成的电子和液压管路。该机翼还拥有机翼折叠能力,这样可以使飞机在母舰上占有更小的空间。

图 5.2　X－47B 隐身无人机

5.2.2　美国"捕食者"无人机 MQ－1

　　MQ－1"捕食者"无人机(如图 5.3 所示)被誉为美国空军"中海拔、长时程"的无人机。它是一种遥控飞行器,机长为 8.27 m,翼展长为 14.87 m,最大活动半径为 3 700 km,最大飞行时速为 240 km/h,在目标上空留空时间为 24 h,最大续航时间为 60 h。该无人机装有光电/红外侦察设备、GPS 导航设备和具有全天候侦察能力的合成孔径雷达,在 4 000 m 高处可以分辨的范围为 0.3 m,目标定位精度为 0.25 m,可采用软式着陆或降落伞紧急回收的方式。MQ－1"捕食者"无人机采用近似圆柱形的机身,头部为半球形,机身中部有一对展弦比很大的梯形下单机翼,采用的低雷诺数翼型使其具有优越的气动性能,机翼控制面包括后缘外侧副翼与后缘 2/3 翼展内侧襟翼,机翼下有武器挂架。机身尾部有一对带下反角(倒 V 型)的矩形尾翼,没有上垂尾翼。为了便于装运与维修,机身、机翼、尾翼、螺旋桨、天线以及光、电/红外任务载荷都是可卸载的。

图 5.3　MQ－1"捕食者"无人机

5.2.3　美国"全球鹰"无人机

　　"全球鹰"无人机(如图 5.4 所示)是由诺斯洛普·格鲁门生产制造的无人飞机,主要服役于美国空军与美国海军。"全球鹰"无人机的动力来自劳斯莱斯 AE 3007H 涡轮风扇发动机,该发动机可产生 31.4 kN 的推力,可以搭载 900 kg(2 000 磅)的设备。机身长度为 13.51 m,采用普通的铝合金。"全球鹰"无人机采用碳纤维材料、一体成型的单一机翼,结构为梯形固定翼,翼展长度为 35.4 m,在"全球鹰"无人机基础上研制的海军版"人鱼海神"无人机的翼展更是达到 39.9 m,比波音 737 飞机的翼展还要长。在机身尾部有一对带梯形尾翼,呈 V 形。"全球鹰"无人机最高飞行速度为 650 km/h,航程为 25 000 km。

图 5.4　美国"全球鹰"无人机

5.2.4　协和号

民用超声速飞机的代表作是由法国宇航公司和英国飞机公司(现名为英国宇航公司)联合研制的中程超声速客机——协和号(Concorde,如图 5.5 和图 5.6 所示)。该机采用无水平尾翼布局,为了适应超声速飞行,协和号的机翼采用三角翼,机翼前缘为 S 形。协和号共有四台涡轮喷气发动机,发动机由英国罗尔斯·罗伊斯公司和法国国营飞机发动机研究制造公司(Rolls - Royce/SNECMA)负责研制。发动机具备了一般在超声速战斗机上才使用的加力燃烧室。协和号的飞行速度能超过声速的两倍,最大飞行马赫数可达 2.04,巡航高度 18 000 m,巡航速度达到 2 150 km/h。协和号于 1976 年投入服务,主要用于执行从伦敦希思罗国际机场(英国航空)和巴黎夏尔·戴高乐机场(法国航空)往返于纽约约翰·菲茨杰拉德·肯尼迪国际机场的跨大西洋定期航线。飞机能够在 15 000 m 的高空以 2.02 倍声速巡航,从巴黎飞到纽约只需约 3 h 20 min,比普通民航客机节省超过一半时间,所以虽然票价高昂,但仍然深受商务旅客的欢迎。1996 年 2 月 7 日,协和号从伦敦飞抵纽约仅耗时 2 h 52 min 59 s,创下了航班飞行的最快纪录。协和号一共只生产了 20 架,用于英国航空公司和法国航空公司运营跨大西洋的航线。到 2003 年,尚有 12 架协和号进行商业飞行。2003 年 10 月 24 日,协和号执行了最后一次飞行任务后全部退役。

图 5.5　协和号(Concorde)起飞
(1976 年 1 月 21 日投入运行,2003 年 10 月 24 日退役)

图 5.6　协和号(Concorde)爬升

5.2.5　歼-10

我国研制的歼-10是一款中型、多功能、超声速、全天候空中优势战斗机(第四代战斗机),最大飞行马赫数达到2.2。歼-10采用鸭式布局,翼身融合(如图5.7所示),通过精心设计主翼与机身中部结合处的曲面,增加了机内容积(用于载油、装备,并为日后发展预留空间)的同时也有效利用了它带来的空气动力增升效果。主翼后部机身两侧没有安排其他结构,这再次体现了翼身融合的设计理念,只是在尾喷管前端机腹下加装了两片外斜腹鳍,这两片腹鳍用于战机大迎角飞行时,配合高大的垂直尾翼保持飞机的稳定性。

图 5.7　歼-10(鸭式布局)

5.2.6　美国F-22

F-22"猛禽"战斗机是由美国洛克希德·马丁公司和波音联合研制的单座双发高隐身性第五代战斗机(如图5.8所示)。F-22是世界上第一种进入服役的第五代战斗机,最大飞行马赫数2.25。F-22于21世纪初期陆续进入美国空军服役,以取代上一代的主力机种F-15鹰式战斗机。洛克希德·马丁公司为主承包商,负责大部分机身、武器系统的设计以及F-22的最终组装。合作伙伴波音则提供机翼、后机身、航空电子综合系统

图 5.8　F-22(梯型机翼布局)

以及培训系统。洛克希德·马丁公司宣称,"猛禽"将其隐身性能、灵敏性、精确度以及态势感知能力相结合,组合空对空和空对地作战能力,成为当今世界综合性能最佳的战斗机。F-22采用双垂尾双发单座布局,垂尾向外倾斜 27°,恰好处于一般隐身设计的边缘。其两侧进气口装在机翼前缘延伸面(边条翼)下方,与喷嘴一样,都做了抑制红外辐射的隐形设计,主翼和水平安定面采用相同的后掠角和后缘前掠角,都是小展弦比的梯形平面形,水泡型座舱盖凸出于前机身上部,全部武器都隐蔽地挂在内部 4 个弹舱之中。

5.3　机翼的几何参数

图 5.9 所示为机翼的几何参数,通常用 3 个参数来表示,即展弦比 λ、根梢比 ξ 以及前缘后掠角 Λ,再通过选用机翼的面积就可以唯一确定机翼展弦比、根梢比以及前缘后掠角或者 1/4 弦线后掠角。

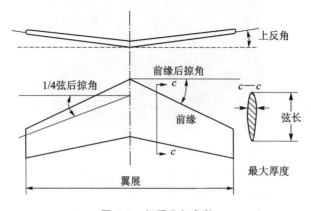

图 5.9　机翼几何参数

1. 机翼展弦比 λ

展弦比即机翼翼展和平均几何弦长之比,常用以下公式表示:

$$\lambda = \frac{b^2}{S}$$

其中,b 为机翼展长,S 为机翼面积。因此,它也可以表述成翼展(机翼的长度)的平方除以机翼面积,如圆形机翼就是直径的平方除以圆面积,用以表示机翼相对的展长程度。

美国莱特兄弟(如图 5.10 所示)发明了第一架带动力的飞机(如图 5.11 所示),并成功实现了飞行。他们用自己建立的风洞进行了飞机机翼气动力研究,为"飞行者"号飞机的成功飞行提供了有力的保障,但是因为早期的风洞试验雷诺数比飞机飞行的真实雷诺数小,所以获得的结论有一定的局限性。此外,莱特兄弟发现,在升力一定的前提下,一个长而瘦(展弦比大)的机翼比一个短而宽(展弦比小)的机翼阻力要小,这是由于流体的黏性引起的机翼三维效应作用的结果。展弦比的大小对飞机飞行性能有明显的影响。展弦比增大时,机翼的诱导阻力会降低,从而可以提高飞机的机动性和增加亚声速飞行的航程,但波阻就会增加,以致于影响飞机的超声速飞行性能,故亚声速飞机一般选用大展弦比机翼,而超声速战斗机展弦比一般选择 2.0~4.0。展弦比还影响机翼产生的升力,如果机翼面积相同,只要飞机没有接近失速状态,那么在相同条件下展弦比大的机翼产生的升力也大,因而能减小飞机起飞和降落的滑跑距离和提高飞机的机动性。

　　改变展弦比的另一个效果是失速迎角的变化,由于小展弦比的机翼要比大展弦比的机翼失速迎角大,也就是更不容易失速,因此鸭式布局飞机的前翼展弦比一般都比主机翼的展弦比大,这样就保证在大迎角下,前面大展弦比的前翼先失速,使得飞机的迎角变小,后面机翼失速的可能性就大大减小。

图 5.10　威尔伯·莱特(Wilbur Wright,1867—1912,左)
和奥维尔·莱特(Orville Wright,1871—1948,右)

图 5.11　莱特兄弟的飞机设计图

2. 根梢比 ξ

机翼的根梢比 ξ 是指机翼的翼根弦长与翼梢弦长之比,即

$$\xi = \frac{c_0}{c_1}$$

其中,c_0 为机翼翼根弦长,c_1 为机翼翼梢弦长。大部分低速飞机机翼的根梢比一般为 2～3,大

部分后掠机翼的根梢比为 3~5。从工程角度看,飞机机翼一般采用大于 1 的根梢比。由于机翼的三维效应,翼梢处的气动效率没有翼根区高,在一定来流条件下,翼梢处机翼产生的升力没有翼根区大,阻力却比翼根区大,又考虑到机翼结构的弦向长度远大于机翼结构的高度,因此如果采用平直矩形翼,翼梢处的结构效率就比翼根区要低。

机翼的根梢比也影响其展向升力分布,当升力是椭圆形分布时,升致阻力或诱导阻力达到最小。对于无扭转、无后掠、机翼形状为椭圆形的机翼,就会出现这种情况,如二战中英国"喷火"战斗机(如图 5.12 所示)就是采用这种机翼。"喷火"战斗机是英国维克斯-超级马林公司设计师米歇尔以 S 系列竞速飞机为基础,按照英国空军的战术、技术要求,于二战前精心设计的活塞螺旋桨战斗机。原型机在 1936 年 3 月 5 日试飞,飞行速度达到 554 km/h,这在当时是了不起的,因此立即引起了英国皇家空军的注意。

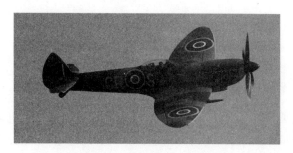

图 5.12　二战中的"喷火"战斗机

3. 后掠角 χ

后掠角 χ 是指机翼上等百分比弦线与垂直于对称面轴线之间的夹角。其中,机翼不同边的后掠角有 χ_{LE}(前缘后掠角)、$\chi_{1/4}$(1/4 弦线后掠角)、$\chi_{1/2}$(1/2 弦线后掠角)、χ_{TE}(后缘后掠角),如图 5.13 所示。

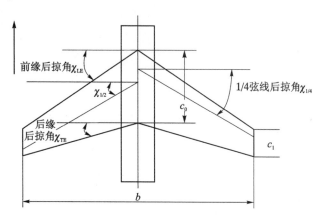

图 5.13　机翼后掠角

机翼的后掠角主要是用于减弱跨声速和超声速流的不利影响。第二次世界大战中,德国的航空工程师发现,激波在后掠机翼上的形成并不取决于流过机翼的气流实际速度,而是取决于垂直机翼前缘方向的气流速度,即后掠机翼可以增加临界马赫数。因此,机翼的后掠角带来的好处如下:① 相同的来流马赫数下后掠角越大沿机翼法向(即垂直方向)的马赫数分量越小,因此可提高飞机在高亚声速飞行但又未产生激波的最大马赫数;② 提高了飞机的航向稳定性,大概 10° 的后掠角相当于 1° 的上反角,如果垂直尾翼布置在机翼的翼端,则机翼后掠将使尾翼的操纵力臂变长,提高尾翼的操纵效率。同时,后掠角机翼的缺点主要如下:① 在大迎角条件下翼尖先失速,飞机容易失去对滚转的操纵,故一般现代客机都在翼尖前部设有前缘缝翼等增升装置;② 低速情况下产生升力较小,理由同优点①,气流的速度在其法向分量小。

从理论上讲,后掠机翼和前掠机翼没有本质的区别,但是采用各向同性材料(典型代表:金属材料)制作的机翼存在结构弹性发散的问题。采用各向异性的复合材料则可以避免这个问题,但是复合材料存在成本高昂、难以加工维护等实际问题。同时采用机翼后掠还有其他工程原因,例如采用鸭式布局的飞行器通常采用后推式动力系统(一般而言,后推式动力系统的效率要高于前拉式动力系统),使得全机的重心比较靠后,为了配平必须将气动中心移到比较靠后的位置,因此只能将机翼后掠。

5.4 机翼的空气动力

5.4.1 机翼的空气动力系数

如果来流 V_∞ 与机翼对称面平行,则把沿着气流方向的流动称为机翼的纵向绕流。V_∞ 与对称平面处翼剖面(翼根剖面)弦线间的夹角定义为机翼的迎角 α。纵向绕流时作用在机翼上的空气动力为升力 L(垂直 V_∞ 方向),阻力为 D(平行 V_∞ 方向),纵向力矩为 Mz(绕过某参考点俯仰力矩)。定义机翼纵向绕流的无量纲气动系数为

升力系数

$$C_L = \frac{L}{\frac{1}{2}\rho_\infty V_\infty^2 S}$$

阻力系数

$$C_D = \frac{D}{\frac{1}{2}\rho_\infty V_\infty^2 S}$$

纵向力矩系数

$$m_z = \frac{M_z}{\frac{1}{2}\rho_\infty V_\infty^2 S c_A}$$

其中,S 为机翼的面积;c_A 为机翼的平均气动弦长;指一个假想矩形机翼的弦长,这一假想机翼的面积 S 和实际机翼的面积相等,它的力矩特性和实际机翼也相同,如图 5.14 所示。

$$c_A = \frac{2}{S}\int_0^{l/2} b^2(z)\mathrm{d}z$$

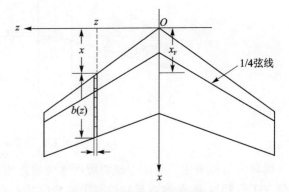

图 5.14 机翼平面形状参数

对于梯形机翼,平均气动弦长的几何确定方法如图 5.15 所示。

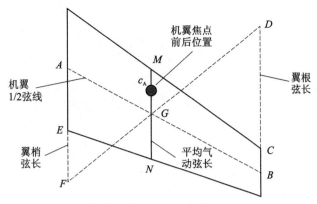

图 5.15　梯形机翼平均气动弦长的几何确定方法

5.4.2　升力线理论

1918 年,普朗特通过风洞试验发现,大展弦比直机翼(机翼前缘后掠角小于 20°,展弦比大于 5)的绕流,因受展向流动的影响,绕过机翼的流动可用直匀流叠加附着涡(线)和自由涡面的模型替代(如图 5.16 所示),附着涡和自由涡面之间用无数条 Ⅱ 形马蹄涡连接,称为升力线模型。对于大展弦比直机翼,自由涡面的卷起和弯曲主要发生在远离机翼的地方(大约距机翼后缘一倍展长)。而在机翼后缘区可假设自由涡面既不卷起也不耗散,顺着来流方向延伸到无穷远处。该气动模型之所以符合实际绕流,原因如下:

① 该模型符合沿一根涡线强度不变,且流动不能在流体中中断的理想流体涡强不变定理。

② Ⅱ 形马蹄涡垂直来流的部分是附着涡,可代替机翼的升力作用。沿展向各剖面上通过的涡线数目不同,其中,中间剖面通过的涡线最多,环量最大;翼端剖面无涡线通过,环量为零。图 5.16 中模拟了环量和升力的展向分布(椭圆分布最佳)。由此可见,附着涡的强度沿展向是变化的,与剖面升力分布相同,在翼梢为零,在翼根最大。

③ Ⅱ 形马蹄涡系平行来流且拖向下游无限远,这一流动过程模拟了自由涡面。由于展向相邻两剖面间拖出的自由涡强度等于这两个剖面上附着涡的环量差,从而建立了展向自由涡线强度与机翼上附着涡环量之间的关系。

④ 对大展弦比直机翼,由于弦长比展长小很多,因此可以近似将机翼上的附着涡系合并成一条展向变强度的附着涡线,各剖面的升力就作用在该线上,即升力线假设。因为低速翼型的升力增量在焦点处,约在 1/4 弦点,因此附着涡线可放在展向各剖面 1/4 弦点的连线上,此线即为升力线。

对于三维机翼,定义机翼的几何迎角为来流方向与翼根弦线之间的夹角 α。一般机翼都是有一定扭转的,若展向 y 处的几何扭角为 $\alpha_g(y)$(机翼外洗为负,即机翼安装角向外逐渐减小),则当地的几何迎角可以分成两部分之和,即

$$\underset{\text{局部几何}\alpha}{\underline{\alpha(y)}} = \underset{\text{来流}}{\underline{\alpha}} + \underset{\text{几何扭曲}}{\underline{\alpha_g(y)}}$$

通过尾涡下洗后,进行修正(下洗流 $\alpha_i > 0$)后为有效迎角,即

$$\alpha_{\text{eff}}(y) = \alpha(y) - \underset{\text{诱导}\alpha}{\underline{\alpha_i(y)}}$$

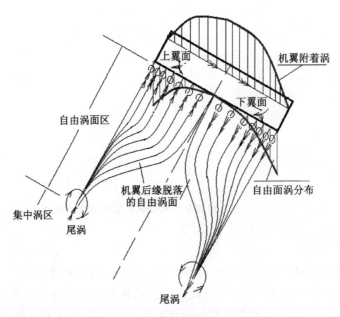

图 5.16　大展弦比直机翼附着涡与自由涡关系

利用该模型得到的三维机翼的升力系数为

$$C_L = C_L^\alpha (\alpha - \alpha_{0\infty}) = \frac{C_{L\infty}^\alpha}{1 + \frac{C_{L\infty}^\alpha}{\pi\lambda}(1+\tau)}(\alpha - \alpha_{0\infty})$$

诱导阻力系数为

$$C_{Di} = \frac{C_L^2}{\pi\lambda}(1+\delta)$$

其中，τ 和 δ 分别为非椭圆机翼和椭圆机翼气动力的修正系数，表示其他平面形状机翼偏离最佳平面形状机翼的程度，如表 5.1 所列。$\alpha_{0\infty}$ 为二维翼型的零升迎角。$C_{L\infty}^\alpha$ 为二维翼型的升力线斜率。$\lambda = b^2/S$ 为机翼的展弦比。上式表明，在同样迎角下三维机翼的升力线斜率要小于无限翼展机翼的(二维翼型)，且升力线斜率随着展弦比的减小而减小。

表 5.1　机翼几何参数修正系数取值(展弦比 5～8)

平面形状	根梢比	τ	δ
椭圆形	/	0	0
矩形	1	0.17	0.049
梯形	4/3	0.10	0.026
梯形	2.5	0.01	0.01
菱形	∞	0.17	0.141

升力线理论是求解大展弦比直机翼的近似势流理论。在知道机翼平面形状和翼型气动数据后，就能够求出环量分布、剖面升力系数分布及整个机翼的升力系数、升力线斜率以及诱导阻力系数。其突出的优点是可以明确地给出机翼平面参数对机翼气动特性的影响。该理论的应用条件如下：

(1) 迎角不能太大（$\alpha < 10°$）。升力线理论没有考虑空气的黏性，在大迎角下流动会出现明显地分离。

(2) 展弦比不能太小（$\lambda \geqslant 5$）。

(3) 后掠角不能太大（$\beta \leqslant 20°$）。

工程上，也可以用下式确定机翼升力系数。即

$$C_L = C_L^{\alpha}(\alpha - \alpha_0)$$

其中，上式中升力线斜率和机翼零升迎角给出如下：

① 零升迎角 α_0

机翼升力为零时的迎角（从中间剖面弦线起量）叫零升迎角 α_0。当无扭转时，有 $\alpha_0 = \alpha_{0\infty}$（翼型零升迎角）；对采用线性几何扭转的大展弦比梯形翼，α_0 可用下式计算：

$$\alpha_0 = \alpha_0 \infty - \frac{(\varphi_{扭})_1}{3} \times \frac{\xi + 2}{\xi + 1}$$

当采用负扭转 $(\varphi_{扭})_1 < 0$ 时，$\alpha_0 > \alpha_{0\infty}$，即机翼零升迎角的绝对值比翼型零升迎角要小。

② 升力线斜率 C_L^{α}

对任何平面形状为直角梯形的后掠翼机翼，其升力线斜率 C_L^{α} 可以通过计算来确定。在相当宽的平面参数变化范围内，可以近似使用如下简单公式来计算机翼的升力线斜率 C_L^{α}，即

$$C_L^{\alpha} = \frac{2\pi}{\dfrac{2}{\lambda} + \sqrt{\left(\dfrac{2}{\lambda}\right)^2 + \dfrac{1}{\left(\dfrac{C_{L\infty}^{\alpha}}{2\pi}\right)^2 \cos^2 \chi_{\frac{1}{2}}}}}$$

可以看出，当展弦比 $\lambda \to \infty$ 时，$C_L^{\alpha} \to C_{L\infty}^{\alpha} \cos \chi_{\frac{1}{2}}$，即为无限斜置翼的升力线斜率结果。

③ 最大升力系数 $C_{L\max}$

机翼在大迎角下的流态很复杂，最大升力系数 $C_{L\max}$ 较难从理论上计算得到，最好用实验值。对较大展弦比的机翼可以用以下公式来粗略估计最大升力系数 $C_{L\max}$。对于直机翼有

$$C_{L\max} = k_s \frac{(C_{L\max\infty})_0 + (C_{L\max\infty})_1}{2}$$

其中，若 $\xi = 1$，则 $k_s = 0.88$；若 $\xi > 1$，则 $k_s = 0.95$；下标"0"代表中间剖面；"1"代表翼尖剖面。

对于后掠翼，有

$$C_{L\max} = (C_{L\max\infty})_{\chi=0} \cos \chi_{\frac{1}{4}}$$

5.4.3　机翼的阻力特性

机翼阻力特性包括零升阻力和升致阻力，即机翼的阻力系数可以表示为

$$C_D = C_{D0} + C_{D升}$$

1. 零升阻力系数 C_{D0}

当机翼无弯度或者弯度不大时，有

$$C_{D0} \approx C_{D\min} = \frac{2}{S} \int_0^{\frac{l}{2}} C'_{D\min}(z) b(z) \mathrm{d}z$$

其中，$C_{D\min}$ 为机翼最小阻力系数；$C'_{D\min}$ 为翼剖面的阻力系数，取决于机翼弯度、雷诺数等，工程计算时也可以取几何平均弦长剖面的 $C'_{D\min}$ 近似代替，即

$$C_{D0} = (C'_{D\min})_{c_A} = 0.925(2C_F\eta_c)_{c_A}$$

$$C_{D0} = (C'_{D\min})_{c_A} = (2C_F\eta_c)_{c_A}(1 + 0.1\bar{c} + 0.4\bar{c}^2)$$

其中，$\bar{c}$ 表示机翼的相对厚度。

2. 升致阻力系数 $C_{D升}$

升致阻力系数为诱导阻力系数和黏性压阻系数之和

$$C_{D升} = C_{Di} + C_{D黏压}$$

其中，① C_{Di} 为诱导阻力系数。② $C_{D黏压}$ 为黏性压阻系数，与机翼表面上边界层密切相关，一般难以从理论上计算。粗估时可以近似假定其与升力系数的平方 C_L^2 成正比，即

$$C_{D黏压} = kC_L^2$$

其中，比例常数 k 由实验来确定。

5.5 机翼的力矩特性

为了维持飞机的平衡，飞机具有三个方向上的力矩：俯仰力矩、滚转力矩以及偏转力矩，其中，机翼上主要控制的是俯仰力矩，它是指作用在飞机上的空气动力对其质心所产生的力矩沿横轴的分量。

图 5.17 所示为 Clark - Y 翼型零升力矩 C_{m0} 随迎角的变化曲线，当迎角为正时，产生一个绕前缘的低头力矩，所以 C_{m0} 为负的，这样的机翼是自稳定的，容易配平。

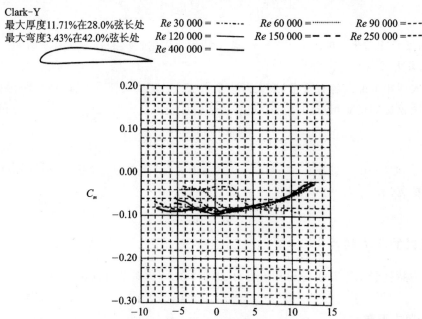

图 5.17 Clark - Y 翼型零升力矩特性曲线

要想平稳地飞行，除了升力与重力、发动机推力与阻力平衡外，还有一个就是力矩的平衡（如图 5.18 所示）。升力作用在机翼上面，飞机的质心在升力的前面，由于升力与飞机重力不在同一点上，就会产生绕飞机质心的低头力矩。如果在机身后面无平尾，飞机根本不能稳定飞

行。在做风筝时,为了避免风筝低头,拽风筝的绳子结点一定要系在风筝气动力的作用点处,以便保持力矩平衡。为了让飞机在飞行时不低头,必须有一个使飞机抬头的力矩,于是就在机身尾部安置一个水平尾翼,产生向下的力,如同秤杆的秤砣,以产生使飞机抬头的力矩。飞机在飞行时,这个水平尾翼产生一个小的负升力,向上的升力和向下的重力与负升力平衡,且对飞机质心总力矩为零,飞机就可以平稳飞行而不会低头。

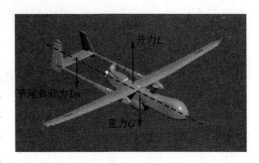

图 5.18　飞机平飞受力图

设计飞机时,要合理地匹配尾翼的相对位置和面积。水平尾翼面积大的虽然力臂短(机身短些),但产生的负升力大,会使机翼的升力减少过多,使飞机的总升力不足;同时,大的水平尾翼面积,将产生大的水平尾翼阻力。相反过小的水平尾翼面积,力臂过大,导致机身过长,不便于起飞。所以飞机设计师一定要匹配好主翼和水平尾翼的相对位置、面积的大小,使飞机在飞行中,在各种姿态下都能够保持较好的力矩平衡。

5.6　机翼的极曲线

极曲线为机翼的特性曲线之一,是升力系数与阻力系数的关系曲线。极曲线是去除影响机翼气动特性的空气密度、速度、机翼面积、展弦比等因素,表示机翼核心特性的曲线,即在一定迎角下升阻或力矩特性的关系曲线。

如图 5.19 所示,极曲线有多条,雷诺数大的曲线靠左边。升力系数相同时,雷诺数越大,

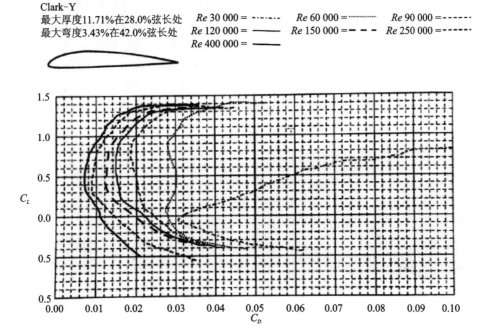

图 5.19　Clark‐Y 翼型极曲线

翼型的阻力就越小,雷诺数越小,对应的飞机的速度越慢,机翼弦长越小。和雷诺数大的飞机相比,雷诺数小的飞机升阻特性较差。

5.7 低速翼型及机翼失速特性

5.7.1 低速翼型失速特性

随着翼型迎角增大,翼型升力系数将出现最大值,然后减小。这是气流绕过翼型时发生分离的结果。翼型的失速特性是指在最大升力系数附近的气动性能。翼型分离现象与翼型背风面上的流动情况和压力分布密切相关。

在一定迎角下,当低速气流绕过翼型时,从上翼面的压力分布和速度变化可知:气流在上翼面的流动是从前驻点开始快速加速减压到最大速度点(顺压梯度区),然后开始减速增压到翼型后缘点处(逆压梯度区),而下翼面则是慢慢加速到下翼面后缘点处,如图 5.20 所示。

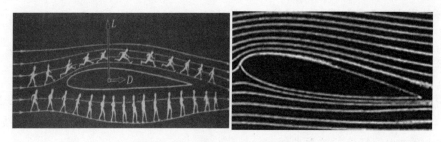

图 5.20 低速翼型小迎角附着绕流

但随着迎角的增加,前驻点向后移动,气流绕前缘近区的吸力峰在增大,造成峰值点后的气流顶着逆压梯度向后流动困难,气流的减速严重。这不仅促使边界层增厚,变成湍流,而且迎角大到一定程度以后,逆压梯度导致气流无力顶着逆压继续减速,从而发生分离,主流离开翼面。这时气流分成分离区内部的流动和分离区外部的流动两部分。在分离边界(称为自由边界)上,二者的静压必处处相等。分离后的主流就不再减速和增压了。分离区内的气流,由于主流在自由边界上通过黏性的作用不断地带走质量,中心部分便不断有气流从后面来填补,而形成中心部分的倒流,如图 5.21 所示。

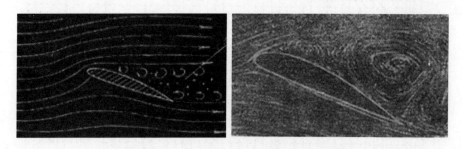

图 5.21 低速翼型大迎角后缘分离

大量实验表明,较大雷诺数下低速翼型绕流分离可按厚度不同分为后缘分离(湍流分离)、前缘分离(前缘短气泡分离)、薄翼型分离(前缘长气泡分离),如图 5.22 所示。

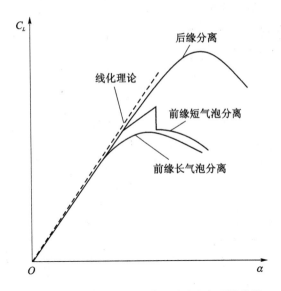

图 5.22　大迎角下不同厚度翼型升力系数曲线

1. 后缘分离(湍流分离)

这种分离对应的翼型相对厚度大于 12%,翼型头部的负压不是特别大,分离从翼型上翼面后缘区开始,随着迎角的增加,分离点逐渐向前缘发展,起初升力线斜率偏离直线(但前缘吸力的增升量仍大于后缘分离的减升量),当迎角达到一定数值时,分离点发展到上翼面某一位置(大约翼面的一半),升力系数达到最大(前缘吸力的增升量与后缘分离的减升量达到平衡),此后升力系数下降(前缘吸力的增升量小于后缘分离的减升量)。后缘分离的发展是比较缓慢的,流谱的变化是连续无突跃的,失速区的升力曲线也变化缓慢,失速特性好,如图 5.23 所示。

2. 前缘短气泡分离(前缘分离)

对于中等厚度的翼型(厚度为 6%～9%),前缘半径较小,气流绕前缘时负压很大,从而产生很大的逆压梯度,即使在迎角不大的情况下,前缘附近发生流动分离,分离后的边界层转捩成湍流,从外流中获取能量,然后再附到翼面上,形成分离气泡。起初这种短气泡很短,只有弦长的 0.5%～1%,当迎角达到失速角时,短气泡突然打开,气流不能再附着,导致上翼面突然完全分离,使升力和力矩突然变化。随着迎角减小,升力系数曲线不能原路返回,如图 5.24 所示。

3. 前缘长气泡分离(薄翼型分离)

对于薄的翼型(厚度为 4%～6%),前缘半径更小,气流绕前缘时负压更大,从而产生很大的逆压梯度,即使在迎角不大的情况下,前缘附近发生流动分离,分离后的边界层转捩成湍流,从外流中获取能量,流动一段较长距离后再附到翼面上,形成长分离气泡。起初这种气泡不长,只有弦长的 2%～3%。但随着迎角增加,再附点不断向下游移动,当达到失速迎角时,气泡不再附着,上翼面完全分离,升力达到最大值。迎角继续增加,升力下降。

除上述三种分离外,还可能存在混合分离形式,如气流绕过翼型时,同时在前缘和后缘发生分离的现象。

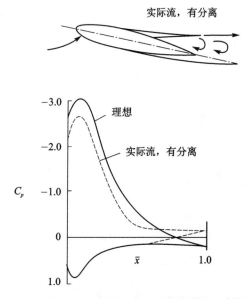

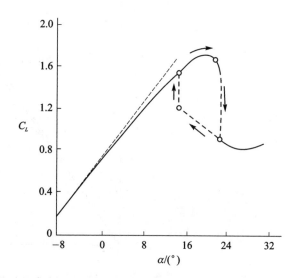

图 5.23 低速翼型大迎角后缘分离特性

图 5.24 低速翼型前缘短气泡分离升力系数曲线

5.7.2 大展弦比直机翼失速特性

在小迎角时,机翼的升力系数 C_L 和迎角 α 呈线性关系。但当 α 继续增大到一定程度时,$C_L \sim \alpha$ 曲线开始偏离直线关系,这时翼面上后缘附近的附面层开始有局部分离,但还没有遍及整个翼面。所以,α 继续增大时,C_L 仍然会有所增大,而后,由于分离区逐渐扩展,最后几乎遍及整个翼面。C_L 上升到某最大值 $C_{L\max}$ 后,若 α 再增大,C_L 就要下降,这时机翼失速。

影响机翼失速特性的因素有很多,例如所用的翼型、雷诺数、马赫数以及机翼的平面形状等。下面仅讨论无扭转的椭圆、矩形、梯形机翼的低速绕流失速特性。

1. 椭圆机翼失速特性

从升力线理论可知,对于椭圆形的机翼,其下洗速度沿翼展是不变的(下洗角不变),因而沿展向各翼剖面的有效迎角不变。所以,如果采用同一翼型设计椭圆机翼,则随着 α 的增大,整个机翼展向各翼剖面同时出现气流分离,同时达到 $C_{L\max}$(翼型的最大升力系数),同时发生机翼失速,失速特性良好,如图 5.25 所示。

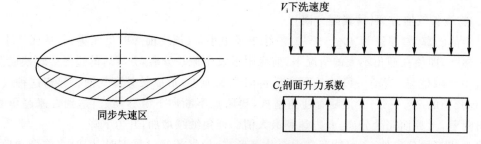

图 5.25 椭圆机翼失速特性

2. 矩形机翼失速特性

矩形机翼的下洗速度从翼根向翼尖增大(也是下洗角),所以翼根剖面的有效迎角将比翼尖剖面的大,相应的剖面升力系数比翼尖的大。因此,分离首先发生在翼根部分,然后分离区逐渐向翼端扩展,失速是渐进的,如图 5.26 所示。

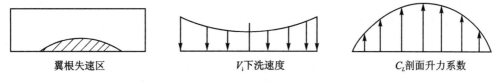

翼根失速区　　　　　　V_i下洗速度　　　　　　C_L剖面升力系数

图 5.26　矩形机翼失速特性

3. 梯形机翼失速特性

梯形直机翼的情况正好与矩形机翼相反,下洗速度从翼根向翼尖方向减小。因此,翼剖面的有效迎角是向着翼尖方向增大,而且随着根梢比的增大,这种趋势也越明显。所以,气流分离首先发生在翼尖附近,不仅使机翼的最大升力系数值下降,而且会使副翼等操纵面效率降低,如图 5.27 所示。后掠翼的失速特性与梯形翼类似。

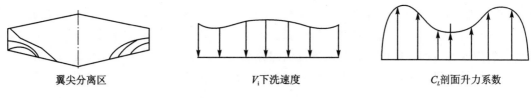

翼尖分离区　　　　　　V_i下洗速度　　　　　　C_L剖面升力系数

图 5.27　梯形机翼失速特性

由此可见,椭圆形机翼不仅在中小迎角下的升阻特性好,在大迎角下的失速特性也好。矩形翼在中小迎角下的升阻特性则不如椭圆翼,大迎角下的 C_{Lmax} 也小,但翼根区先发生气流分离不会引起副翼特性的恶化。梯形机翼由于在中小迎角下的升阻特性接近椭圆翼,结构质量也较小,所以使用甚为广泛,但是,气流分离首先发生在翼尖附近,使翼尖先失速。显然,就失速特性来说,上述三种机翼中,梯形直机翼最差,尤其是翼尖先发生气流分离所造成的副翼效率下降可能导致严重的飞行安全问题,从气动上来说是一个比较严重,甚至是不能允许的缺点。但是正如前文所述,由于梯形机翼的平面形状最接近最佳平面形状,因此一般还是会采用梯形机翼,不过要采取措施来改善其失速特性。常用的办法有:

① 采用几何扭转,如外洗扭转减小翼尖区域的迎角,以避免翼尖过早达到失速状态,扭转角 ϕ 取值为 $-2°\sim-40°$。

② 采用气动扭转,在翼尖附近采取失速迎角大的翼型。

③ 在机翼外段采用前缘缝翼,使压强较大的气流从下翼面通过前缘缝隙流向上表面,加速上翼面的气流,从而延缓了机翼外段附面层的气流分离。

5.8　翼梢小翼

仔细观察鸟在着陆和翱翔时羽翼的形态,可以发现鸟类在翱翔时,羽翼尽可能向两端延伸,以降低阻力(如图 5.28 所示)。天鹅在翱翔时,翼梢羽毛出现翘起来的形状,仿照此形状,20 世纪 70 年代美国空气动力学家惠特科姆(Richard T. Whitcomb,1921—2009,见图 5.29)发明了一种翼梢上翘的装置,称为翼梢小翼。翼梢小翼主要是为了减小飞机巡航的诱导阻力。

现在美国波音和欧洲空中客车公司生产的大型飞机基本都装了翼梢小翼,我国的 ARJ21 客机和 C919 飞机也安装了翼梢小翼。

由于翼尖表面的压差作用,空气趋向于围绕翼尖沿下表面向外侧流动,而沿上表面向内侧流动。加装翼梢小翼后,由于翼梢涡的作用,将会对机翼展向流动起到端板的效应,并且小翼涡对机翼翼梢涡起到扩散作用,从而使机翼尾涡的下洗作用减弱,减小了下洗角,降低了诱导阻力。目前在飞机上所用的翼梢装置有:翼梢小翼、翼梢涡扩散器、鲨鱼鳍翼梢小翼、翼梢帆片等。

翼梢小翼的主要特点:① 端板效应,阻挡机翼下表面绕到上表面的绕流,削弱翼尖涡强度,从而有效增大机翼有效展弦比;② 耗散主翼翼尖涡,因为翼梢小翼本身也是个小机翼,也能产生翼尖涡,其方向与主翼翼尖涡虽然相同,但因距离很近,所以在两涡交汇处剪切作用很大,造成大的黏性耗散,阻止了主涡的卷绕,起到了扩散主涡的作用,同时达到减少诱导阻力的目的(如图 5.30 所示);③ 增加机翼升力和向前推力,上翼梢小翼可利用三元畸变流场产生小翼升力和推力分量(如图 5.31 所示);④ 推迟机翼翼尖气流的过早分离,提高失速迎角。一般来说,后掠机翼翼尖是三元效应区,流管收缩,气流流过时先是急剧加速,压力降低,后是剧烈地压力恢复,进入很陡的逆压梯度区,引起翼尖过早地发生边界层分离,造成机翼失速。然而安装在翼尖处的翼梢小翼可用其顺压场抵消部分翼尖逆压场,使压力分布变得缓和,减小逆压梯度。如果设计得当就可延迟机翼翼尖处的气流分离,增大飞机失速迎角及抖振升力系数。

图 5.28 鸟在翱翔时

图 5.29 美国空气动力学家惠特科姆

翼梢小翼有单上小翼、上下小翼等多种形式的翼梢小翼。单上小翼由于结构简单而使用较多。飞机的诱导阻力约占巡航阻力的 30%。降低诱导阻力对提高巡航经济性具有重要意义。机翼的展弦比越大,诱导阻力越小,但过分大的展弦比会使机翼太重,因而增大机翼展弦比有一定限度。翼梢小翼除作为翼梢端板能起增加机翼有效展弦比的作用外,还由于它利用机翼翼梢气流的偏斜产生的"拉力效应"能减小诱导阻力。风洞实验和飞行试验结果表明,翼梢小翼能使全机诱导阻力减小 20%~30%,相当于升阻比提高 5%。翼梢小翼作为提高飞行经济性、节省燃油的一种先进空气动力设计方案,已在很多飞机上得到应用。翼梢小翼的类型还有:翼梢涡扩散器(如图 5.32 所示);鲨鱼鳍翼梢小翼(如图 5.33 所示);翼梢帆片(我国运-5,如图 5.34 所示)。

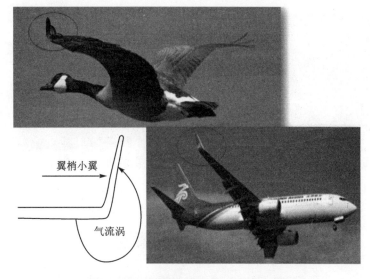

图 5.30　天鹅翱翔与飞机平飞的翼梢小翼

图 5.31　翼梢涡与小翼涡剪切耗散

图 5.32　翼梢涡扩散器

图 5.33　鲨鱼鳍翼梢小翼

图 5.34　翼梢帆片

5.9　高升力装置

　　除了信天翁在地面"滑跑"起飞外,天鹅可在水面上"滑跑"起飞(如图 5.35 所示)。这些不同鸟类的起飞姿态、起飞的动作、起飞后"起落架"收放状态等,都值得人类飞机模仿。在起飞着陆时,一方面因飞机的速度较小,为了达到所需的升力,飞机的迎角要变大;另一方面由于绕过飞机的气流处于加、减速区,飞机又处于近地面飞行,此时在控制方面要比巡航时难一些,飞机事故率也比巡航状态高很多。据统计,起飞着陆状态飞机的事故率可达到 70% 左右。

图 5.35　天鹅和战斗机起飞滑跑

　　除了起飞状态外,鸟在着陆时羽翼形态变化也是人们模仿的对象。鹰在着陆时,其羽翼的羽毛尽可能展开(如图 5.36 所示),相比翱翔状态时的羽翼形状,不仅羽毛面积增大而且下弯程度也变大,这是为什么呢?因为鹰在翱翔时速度快,升力大,羽翼面积小、弯度小。但在起飞着陆时,速度慢,在一定质量下,保持原有羽翼面积则升力严重不足,所以鹰自动把羽毛尽可能展开并加大下弯度,以便增大羽翼的面积(升力跟面积成正比),同时通过提高迎角和弯度来进一步提高升力。对于飞机而言,在着陆时也具有类似的行为。乘飞机时可以发现,飞机着陆(起飞也是如此)时,机翼的前、后缘活动面全部打开,机翼的面积增大、下弯度增大,以增加机翼的升力,同时也增大迎角以进一步增加升力(如图 5.36 所示)。这说明,当飞机的速度改变时,可通过改变机翼面积和姿态角而改变升力。现代大型客机起飞着陆的速度与巡航速度差别比较大,一般情况下大型客机起飞着陆速度在 220～240 km/h 左右,而巡航时可达到 800～900 km/h,二者速度之比接近 3～4。为了实现上述行为,飞机机翼增升用的前后缘活动面称为高升力装置,这些活动面的设计技术在飞机机翼设计中称为低速构型设计技术,是飞机机翼设计中极其重要的核心技术之一,也是空气动力学研究的热点之一,几乎涉及现代黏性流体力学中所有的复杂问题。

图 5.36　鹰与 B－47 飞机着陆状态对比

仔细观察鸟的起飞方式,除了"滑跑"起飞外,还有通过高平台"滑翔"起飞、地面弹跳起飞等。如鸽子起飞时,常常通过弹跳起飞,两条腿奋力弹起身体,同时羽翼展开快速下排空气。显然无论地面助跑起飞还是弹跳起飞,鸟在起飞过程中要付出极大的力气,能量消耗很大。相比较而言,鸟在翱翔的时候因气流绕过羽翼的速度快,再加上鸟尽可能在向上的气流中飞行,其付出的力气较小。也许有人会想,如果机翼上不安装高升力装置,也就是说飞机机翼面积与起飞着陆时一样大小,这相当于飞机起飞着陆速度与巡航速度差不多,那会出现什么问题?此时,如果飞机以巡航速度进行起飞着陆,不仅大大增加了飞机的跑道长度,而且安全性极差。飞机在正常起飞时,离地速度越大,飞机在地面跑道上滑跑距离就越大。飞机滑跑到接近离地速度时,如果发动机灭火不能正常起飞,则需要减速下来。显然离地速度越大,减速停下来所需要的距离也越长,安全上要求实际的跑道长度约为两倍的起飞长度,因此起飞速度对跑道长度有着决定性的影响。实际上,为了安全起见和减小机场跑道造价,大型飞机起飞着陆速度应尽可能降下来。如果机翼面积不减小,按照起飞着陆时的大小飞高速巡航,此时机翼的摩擦阻力过大,飞机不可能达到经济巡航的要求。

大型飞机高效增升装置设计在世界范围内都是一个具有挑战性的课题。大型飞机需要复杂的多段高升力系统来满足飞机起飞降落性能要求。在当今充满竞争的民机市场中,大型飞机的设计趋势要求更高效的增升装置,以满足在给定迎角和襟翼偏角下最大程度地提高升力系数和升阻比的要求。增升装置设计属于多目标、多技术综合的设计问题,整体上必须满足飞机总体技术要求,包括飞机性能、安全性、可靠性、维修性、噪声等方面;气动上要满足起飞、着陆滑跑距离短和爬升梯度的要求;结构上要求构件少、质量小、连接简单,具有足够强度和刚度;操纵上要便于维修、可靠、成本低、满足损伤容限要求等。

国外在很早以前就进行了增升装置的研究。在高升力设计上,就有相当多的理论和实验研究,为增升装置的设计提供了直接理论基础和数据支持。美国麦克唐纳·道格拉斯公司的空气动力学家 A. M. O. Smith 于 1975 年在《高升力空气动力学》论文中揭示了多段翼高升力产生的机理(如图 5.37 和图 5.38 所示)。

A. M. O. Smith 等人从空气动力学的角度对高升力的产生机理及多段翼的流动做了大量的基础性研究,对流动本质进行了深入的挖掘,以最大程度地获得高升力。对于二维多段翼型而言,可能出现的各种流动现象包括:边界层转捩、激波/边界层干扰、尾迹/边界层掺混、边界层分离、层流分离泡、分离的凹角流动、流线大幅弯曲等。20 世纪 50 年代美国 NASA 对此开始研究,直到 1975 年多段翼流动问题才取得重大突破。A. M. O. Smith 提出了缝翼(襟翼)对多段翼流动的有利影响为前翼的缝隙效应、环量效应、倾卸效应、离开物面的压强恢复效应、每一翼段开始新的边界层效应。对提高升力的主要作用是(如图 5.39 所示):

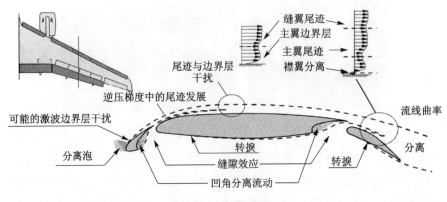

图 5.37 多段翼型绕流

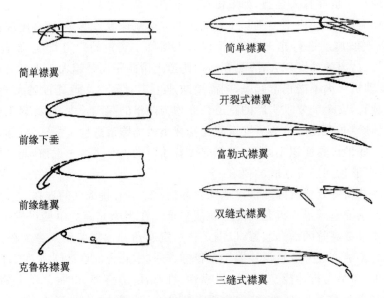

图 5.38 前缘和后缘增升装置类型

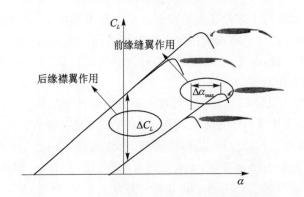

图 5.39 前缘与后缘增升装置对升力系数的影响

① 增加机翼的弯度效应。

增加机翼的弯度,即增加环量,会产生较大的低头力矩,特别是在着陆进场时,需要水平安定面或升降舵后缘上偏来进行配平。

② 增加机翼的有效面积。

大多数增升装置是以增加机翼的基本弦长的方式运动,在翼剖面形状没有改变时,相同的名义面积下,其有效机翼的面积增加了,升力就增加了。这种情况下,名义面积不变,相当于增加零迎角升力系数,因而提高了最大升力系数。

③ 改善缝道的流动品质。

通过改善翼段之间缝道的流动品质,改善翼面上的边界层状态,来增强边界层承受逆压梯度的能力,延迟气流分离,提高失速迎角,增大最大升力系数,如图 5.40 和图 5.41 所示。

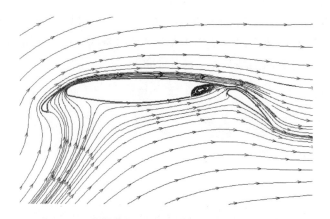

图 5.40　前缘缝翼、后缘富勒襟翼三段翼绕流流场

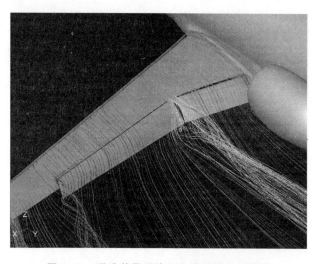

图 5.41　增升装置后缘不连续处脱出的尾涡

习 题

5-1 简述升力是如何产生的,升力、阻力等与迎角、弯度、厚度有何种关系。

5-2 有一平直梯形翼,机翼面积 $S=35 \ m^2$,梢根比 $\lambda=4$,翼梢弦长 $b_1=1.5 \ m$,求该机翼的展弦比 A 值。

5-3 试从几何关系证明三角翼的 $A\tan\Lambda_0=4$。其中 Λ_0 为前缘后掠角。

5-4 试从几何关系推导出梯形后掠翼的如下关系:

$$\tan\Lambda_{1/2}=\frac{2}{A}\cdot\frac{\lambda-1}{\lambda+1}\tan\Lambda_0$$

其中,Λ_0 为前缘后掠角,$\Lambda_{1/2}$ 为 1/2 弦线后掠角。

5-5 一架重量 $G=14\ 700 \ N$ 的飞机,在 $H=3\ 000 \ m$,以 $v=300 \ km/h$ 巡航平飞($Y=G$)。机翼面积 $S=17 \ m^2$,梢根比 $\lambda=6.2$,NACA23012 翼型($\alpha_{0\infty}=1.2°$,$C_{D\infty}^a=0.108$),无扭转椭圆形平面形状。试计算阻力系数 C_D 以及迎角 α。

第6章 机身与起落架

6.1 细长体机身

飞机机身是用来装载人员、货物、武器以及机载设备的部件,同时也是机翼、尾翼、起落架等部件的连接件。在轻型飞机和歼击机上,常将发动机装在机身内。飞行中机身的阻力约占全机阻力的 30%～40%。因此,细长流线型机身对减小飞机阻力、改善飞行性能具有重要的作用。驾驶员、旅客、货物以及机载设备等都集中在机身上,与之有关的飞机使用方面的大部分要求(如驾驶员的视界,座舱的环境要求,货物和武器装备的装卸,系统设备的检查维修等)都对机身的外形和结构有直接的影响。同样,鸟在翱翔时,也是追求低阻体形的,此时鸟把腿收起到肚子底下,而且收完以后,还用羽毛把它给遮盖起来,形成一个细长的锥体,以便减小空气阻力(如图 6.1 所示)。

海鸥翱翔时身体的外形是一个长细比大的锥形体。长细比是指身体长度与最大直径的比值,这个比值在 6～10 时,空气阻力一般很小。人类模仿鸟的身体外形而造的飞机机身也是一个长细比大的锥形体,从而可获得最小的阻力。如对于大型客机,细长体机身里面可容纳 150～200 人,但它的空气阻力系数远小于汽车和小轿车的空气阻力系数,是最好的小轿车空气阻力系数的 1/8～1/7。小轿车容纳 5 个人,但它的阻力系数要比可容纳150 人的庞大机身的阻力系数高出 7～8

图 6.1 翱翔的海鸥

倍,这是空气动力学的成就。对于不同长细比形状的机身,20 世纪 50 年代,德国空气动力学家迪特里希•屈西曼(D. Küchemann,普朗特的学生,1911—1976)、西奥多•冯•卡门(Theodore von Kármán,1881—1963)等开展了系统研究,获得许多具有重要价值的成果。

人们在日常生活中,也会常用到空气动力学减阻方面的知识。例如,骑自行车时,如果遇到逆风,为了减小阻力人们一定会自觉把腰弯下来,以达到减小迎风面积的目的。赛车运动员头戴的那个大帽子,虽然看起来有点笨拙,但戴上这样的帽子与不戴帽子相比,其阻力还是要小的,要知道在极限时刻,阻力减小一点就可获胜。即使是鸟在带鱼飞行时,也会将所带之鱼顺着气流(如图 6.2 所示)。不同飞机机身的几何特征分别如图 6.3～图 6.5 所示。

气动布局要满足在总体布局的要求下力求降低机身的阻力。机身阻力占整个飞机零升阻力的 20%～40%。

图 6.2　减阻的实践

图 6.3　正在巡航飞行中的无人机

图 6.4　奖状野马飞机机身

图 6.5　新概念翼身融合

① 在给定动压下,阻力主要取决于形状和浸润面积。在满足同样的载客和装货要求下,使机身截面积减至最小从而使迎面阻力最小是机身剖面设计和气动布局的准则。

② 给出不同参考面积的机身阻力系数时,机身长细比 λ_F(长度/直径)对阻力的影响就可以大致估算出来。

③ 实际机身所采用的长细比应根据总体布置的需要而定,对巡航马赫数低于 0.85 的亚声速飞机,只要不影响装载,应尽可能接近理想流线外形。

④ 前机身外形主要根据机头雷达罩、驾驶舱、天窗玻璃外形光滑过渡要求,充分考虑视界和驾舱、电子设备舱等总体布置的要求,气动上应避免产生气流分离而增加阻力。前机身的长度/直径比的常用值为 2.0～2.5。

⑤ 后机身的长度/直径比通常为 3.0～3.5,后机身收缩太快易发生边界层分离。为了在起飞或者着陆时获取所需要的抬前轮角度(机身尾部不致擦地),机身后部常常稍微上翘。从阻力的角度看,上翘角不宜超过 6°～7°。如果上翘角过大,特别是在货机的后机身,在机翼下洗和起落架整流鼓包以及后机身产生的流场中,可能产生不利的干扰,货机后部形成的不稳定的涡系会引起横向振荡,特别是在低速、大功率、大襟翼偏角时更严重。大机身弯度在巡航飞行中也要付出相当大的阻力代价。

⑥ 机翼与机身结合处的整流带形状对阻力有重要影响。采用前、后缘处适当延伸,并与机身侧表面平滑过渡的直式整流带,可以消除扩散段和机翼前缘与机身接合处的局部气流分离,使翼/身布局的阻力系数降低,而且这种情况下因干扰而产生的附加阻力实际上与迎角和马赫数无关。

6.2　细长旋成体理论与应用

6.2.1　旋成体定义

　　旋成体是指三维空间中,由旋转曲面与底截面围成的物体 。旋成体是由一条母线(直线段或曲线段)绕对称轴旋转,闭合旋转曲面后而成的物体,如圆锥、圆柱、球体等。包含对称轴的任一平面称为旋成体的子午面,旋成体任一子午面上的边界形状均相同。

　　旋成体与垂直于子午面的面的交线是母线上某个点绕轴旋转的轨迹,并且一定是圆,称为旋成体的纬圆。旋成体的外表面由母线端点旋成的纬圆与母线绕轴的旋转曲面组成。旋成体的母线必为其旋转曲面的经线。外表面的两个纬圆称为旋成体的上下底截面。当气流顺着旋成体对称轴流动时,其扰流流动在旋成体的任一子午面均相同,称为轴对称流动。

6.2.2　细长旋成体的线化理论

1. 线化位流方程

　　一般飞机采用的旋成体机身都比较细长,飞行时迎角也不大,因此机身对流场的扰动是小扰动。在超声速飞行时,头部冲波和马赫波相差无几,通过头部冲波时熵的变化也可忽略不计,整个流场可认为是无旋的,扰动速位仍然满足线化位流方程。

　　用笛卡尔坐标表示的线化位流方程适用于求解机翼之类的扁平物体,对于轴对称的物体一般采用柱坐标较为方便,坐标的原点放在旋成体的顶点,x 轴与旋成体的对称轴线重合,有迎角时未经扰动的气流和 xz 平面成 α 角,如图 6.6 所示。

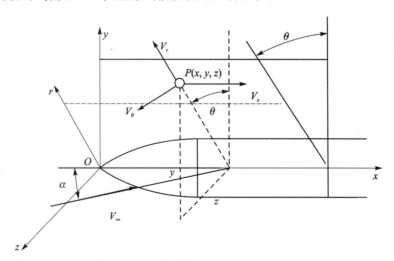

图 6.6　笛卡尔坐标

在笛卡尔坐标系中准确的全速位 Φ 满足的方程为

$$\left(1 - \frac{V_x^2}{\alpha^2}\right)\frac{\partial^2 \Phi}{\partial x^2} + \left(1 - \frac{V_y^2}{\alpha^2}\right)\frac{\partial^2 \Phi}{\partial y^2} + \left(1 - \frac{V_z^2}{\alpha^2}\right)\frac{\partial^2 \Phi}{\partial z^2} - 2\frac{V_x V_y}{\alpha^2}\frac{\partial^2 \Phi}{\partial x \partial y} -$$

$$2\frac{V_y V_z}{a^2}\frac{\partial^2 \Phi}{\partial y \partial z} - 2\frac{V_z V_x}{a^2}\frac{\partial^2 \Phi}{\partial z \partial x} = 0$$

笛卡尔坐标系 x、y、z 和柱坐标 r、θ、x 之间的关系为

$$x = x$$
$$y = r\cos\theta$$
$$z = r\sin\theta$$

因此,用柱坐标表示的全速位方程为

$$\left(1-\frac{V_x^2}{a^2}\right)\frac{\partial^2 \Phi}{\partial x^2} + \left(1-\frac{V_r^2}{a^2}\right)\frac{\partial^2 \Phi}{\partial r^2} + \left(1-\frac{V_\theta^2}{a^2}\right)\frac{1}{r^2}\frac{\partial^2 \Phi}{\partial \theta^2} -$$
$$2\frac{V_x V_r}{a^2}\frac{\partial^2 \Phi}{\partial x \partial r} - 2\frac{V_x V_\theta}{a^2}\frac{1}{r}\frac{\partial^2 \Phi}{\partial x \partial \theta} - 2\frac{V_r V_\theta}{a^2}\frac{1}{r}\frac{\partial^2 \Phi}{\partial x \partial \theta} + \frac{V_r}{r}\left(1+\frac{V_\theta^2}{a^2}\right) = 0$$

上式中 V_x、V_r、V_θ 分别是气流的速度在坐标 x、r 和 θ 方向的分速度。未经扰动的分速度为

$$V_{x\infty} = V_\infty \cos\alpha$$
$$V_{r\infty} = V_\infty \sin\alpha\cos\theta$$
$$V_{\theta\infty} = -V_\infty \sin\alpha\sin\theta$$

因为 α 很小,所以上式可以写成

$$V_{x\infty} \approx V_\infty$$
$$V_{r\infty} \approx V_\infty \alpha\cos\theta$$
$$V_{\theta\infty} \approx -V_\infty \alpha\sin\theta$$

流场上任意点速度的三个分量可以写成未经扰动速度分量和扰动速度分量 v_x、v_r、v_θ 之和,即

$$V_x = V_{x\infty} + v_x \approx V_\infty + v_x$$
$$V_r = V_{r\infty} + v_r \approx V_\infty \alpha\cos\theta + v_r$$
$$V_\theta = V_{\theta\infty} + v_\theta \approx -V_\infty \alpha\sin\theta + v_\theta$$

在小扰动的假设下,$\dfrac{v_x}{V_\infty}$、$\dfrac{v_r}{V_\infty}$、$\dfrac{v_\theta}{V_\infty} \ll 1$,忽略二阶小量,由全速位方程得

$$a^2 = a_\infty^2 - \frac{\kappa-1}{2}(V^2 - V_\infty^2) \approx a_\infty^2 - (\kappa-1)V_\infty v_x$$

其中,α 为来流迎角,κ 为经验常数。在 M_∞ 不是十分接近 1,又不是很大的超高声速时,略去高于一阶的小量,得到柱坐标表示的全速位方程可以简化为:

$$(1-M_\infty^2)\frac{\partial^2 \Phi}{\partial x^2} + \frac{\partial^2 \Phi}{\partial r^2} + \frac{1}{r^2}\frac{\partial^2 \Phi}{\partial \theta^2} + \frac{1}{r}\frac{\partial \Phi}{\partial r} = 0$$

这时已变为线性方程。令全速位 Φ 为未经扰动速位 Φ_∞ 和扰动速位 φ 之和,即

$$\Phi = \Phi_\infty + \varphi$$

可以得到

$$\Phi_\infty = V_\infty x + rV_\infty \alpha\cos\theta$$

将上面两式代入简化后的全速位方程,可以得到扰动速位 φ 满足的方程为

$$(1-M_\infty)^2\frac{\partial^2\varphi}{\partial x^2}+\frac{\partial^2\varphi}{\partial r^2}+\frac{1}{r^2}\frac{\partial^2\varphi}{\partial\theta^2}+\frac{1}{r}\frac{\partial\varphi}{\partial r}=0$$

2. 扰动速位分解

在有迎角的绕流情况下,直接求解位流方程比较困难,但是因为是线性方程,所以可以将速位 φ 分解为

$$\varphi=\varphi_1+\varphi_2$$

其中,φ_1 为来流速度为 $V_\infty\cos\alpha\approx V_\infty$ 轴向流动的扰动速位,φ_2 为来流速度为 $V_\infty\sin\alpha\approx V_\infty\alpha$ 横向流动的扰动速位。即来流 V_∞ 以迎角 α 流过旋成体的流动在一阶近似理论的范围内可认为是由轴向流动与横向流动二者叠加而成,如图 6.7 所示。

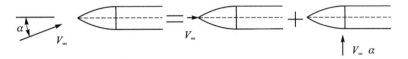

图 6.7　来流 V_∞ 的合成

φ_1 和 φ_2 应当满足的方程分别为

$$(1-M_\infty)^2\frac{\partial^2\varphi_1}{\partial x^2}+\frac{\partial^2\varphi_1}{\partial r^2}+\frac{1}{r}\frac{\partial\varphi_1}{\partial r}=0$$

$$(1-M_\infty)^2\frac{\partial^2\varphi_2}{\partial x^2}+\frac{\partial^2\varphi_2}{\partial r^2}+\frac{1}{r^2}\frac{\partial^2\varphi_2}{\partial\theta^2}+\frac{1}{r}\frac{\partial\varphi_2}{\partial r}=0$$

从 φ_1 和 φ_2 所满足的方程可见,它们之间在形式上存在一定的关系,即

$$\varphi_2=\frac{\partial\varphi_1}{\partial r}\cos\theta$$

而 φ_2 的具体值要根据横流的边界条件加以确定。

3. 边界条件

在无限远处,$\varphi_1=\varphi_2=0$。将 $\varphi=\varphi_1+\varphi_2$ 代入旋成体物面边界条件式中,可以得到

$$\left(V_\infty+\frac{\partial\varphi_1}{\partial x}+\frac{\partial\varphi_2}{\partial x}\right)_{r=R}\frac{\mathrm{d}R(x)}{\mathrm{d}x}=\left(V_\infty\alpha\cos\theta+\frac{\partial\varphi_1}{\partial r}+\frac{\partial\varphi_2}{\partial r}\right)_{r=R}$$

当 $\alpha=0$ 时,轴向流动的物面边界条件为

$$\left(V_\infty+\frac{\partial\varphi_1}{\partial x}\right)_{r=R}\frac{\mathrm{d}R(x)}{\mathrm{d}x}=\left(\frac{\partial\varphi_1}{\partial r}\right)_{r=R}$$

忽略二阶小量后得

$$\left(\frac{\partial\varphi_1}{\partial r}\right)_{r=R}=V_\infty\frac{\mathrm{d}R(x)}{\mathrm{d}x}$$

横向流动的物面边界条件为

$$\left(\frac{\partial\varphi_2}{\partial x}\right)_{r=R}\frac{\mathrm{d}R(x)}{\mathrm{d}x}=\left(V_\infty\alpha\cos\theta+\frac{\partial\varphi_2}{\partial r}\right)_{r=R}$$

忽略二阶小量后得

$$\left(\frac{\partial\varphi_2}{\partial r}\right)_{r=R}=-V_\infty\alpha\cos\theta$$

4. 压强系数

细长旋成体压强系数表达式为

$$\bar{p} = -\left(\frac{2v_x}{V_\infty} + \frac{v_y^2 + v_z^2}{V_\infty^2}\right)$$

表达式是在风轴坐标系中导出的,而对于旋成体气动特性的计算一般采用体轴系较为方便,因此应对上式进行坐标转换。对于风轴坐标系 x'、y'、z'(或 x'、r'、θ'),上式可以写成

$$\bar{p} = -\left(\frac{2\varphi_x'}{V_\infty} + \frac{\varphi_x'^2 + \frac{1}{r^2}\varphi_\theta'^2}{V_\infty^2}\right)$$

如体坐标系为 x、y、z(或 x、r、θ),则从图 6.8 就可以看出:

$$x = x'\cos\alpha - y'\sin\alpha \approx x' - y'\alpha$$
$$y = y'\cos\alpha + x'\sin\alpha \approx y' + x'\alpha$$
$$z = z'$$

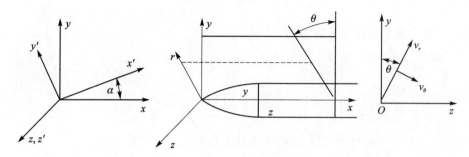

图 6.8　体坐标系

所以有

$$\varphi_x' = \frac{\partial\varphi}{\partial x}\frac{\partial x}{\partial x'} + \frac{\partial\varphi}{\partial y}\frac{\partial y}{\partial x'} + \frac{\partial\varphi}{\partial z}\frac{\partial z}{\partial x'} = \varphi_x + \varphi_y\alpha$$

而且

$$\varphi_y = v_y = v_r\cos\theta - v_\theta\sin\theta = \varphi_r\cos\theta - \frac{1}{r}\varphi_\theta\sin\theta$$

$$\varphi_r = \varphi_r', \qquad \varphi_\theta = \varphi_\theta'$$

因此,对于体轴坐标系,压强系数的表达式为

$$\bar{p} = -\left[\frac{2\varphi_x}{V_\infty} + \frac{2\alpha}{V_\infty}\left(\varphi_r\cos\theta - \frac{1}{r}\varphi_\theta\sin\theta\right) + \left(\frac{\varphi_r}{V_\infty}\right)^2 + \frac{1}{r^2}\left(\frac{\varphi_\theta}{V_\infty}\right)^2\right]$$

$$= -\frac{2\varphi_x}{V_\infty} - \frac{1}{V_\infty}\left[(V_\infty\alpha\cos\theta + \varphi_r)^2 + \left(V_\infty\alpha\sin\theta - \frac{1}{r}\varphi_\theta\right)^2 - V_\infty^2\alpha^2\right]$$

将 $\varphi = \varphi_1 + \varphi_2$ 代入上式,得

$$\bar{p} = -\frac{2}{V_\infty}\left(\frac{\partial\varphi_1}{\partial x} + \frac{\partial\varphi_2}{\partial x}\right) - \frac{1}{V_\infty^2}\left[\left(V_\infty\alpha\cos\theta + \frac{\partial\varphi_1}{\partial x} + \frac{\partial\varphi_2}{\partial r}\right)^2 + \left(V_\infty\alpha\sin\theta - \frac{1}{r}\frac{\partial\varphi_2}{\partial\theta}\right)^2 - V_\infty^2\alpha^2\right]$$

由上式可以看出,在有迎角的绕流中,流场中任一点的压强系数一般来说不等于轴向流动产生的压强系数与横向流动产生的压强系数之和。只有在求旋成体表面上压强系数时,压强系数才有叠加性。

6.3　飞机起落架

　　另一个模仿鸟的重要部件是起落架,该部件是飞机在起飞着陆时使用的。上面提到鸟在翱翔时腿会收起来,说明鸟已意识到在快速翱翔时,两条腿如果不收起所产生的气动阻力会很大,根本飞不快。这就提醒人们,飞机的起落架在飞机升空后也要收起。早期的飞机速度比较小,起落架常常不收,但现代飞机的起落架都是可收放的。对于 A380 客机采用双层客舱,三级座舱配置能够载客 555 人,起飞最大质量 5.6×10^5 kg,翼展长 79.8 m,机身长度 73 m,机翼面积 845 m^2,巡航速度 902 km/h。虽然这架飞机在各项性能方面都远远优于鸟类,但细心的人们会发现,这架飞机在起飞、着陆、巡航的时候,其各种姿态均模仿了像信天翁一样的大鸟,包括在不同状态下机翼面积和形状的变化、起落架的收放等。

　　人们观察发现,信天翁在起飞时,羽翼尽可能展开,并且要在宽敞的地面奔跑一段距离,当助跑速度达到一定值时,就可以离地起飞。现在的固定翼飞机都是采用这种助跑式起飞方式。为了安全起见,飞机起飞前需要在固定的跑道上滑跑,滑跑速度达到一定值时,驾驶员开始拉杆飞机即可起飞。信天翁起飞后,为了加快速度,首先把两条腿收起紧贴着身体,并用羽毛覆盖,保持身体光顺,然后就可以振翅高飞,在空中优哉游哉,不需要花太多的动力(如图 6.9 和图 6.10 所示)。同样,飞机离地后,首先将起落架收起,如果不收起落架的话,飞机的阻力会很大,气流噪声也很大,坐在飞机客舱内的旅客也无法安静下来。

图 6.9　信天翁巡航外形("起落架"收起)

图 6.10　信天翁水上起飞和信天翁着落状态("起落架"放下)

　　由于飞机的起落架主要承受飞机着陆时的冲击载荷和重力(如图 6.11 所示),因此要具有良好的抗冲击性能,一般对于支柱用钢材做的大型飞机的起落架(目前应用比较广泛的起落架用材为低合金超高强度钢,如美国的 300M、法国的 35NCD16、俄罗斯的 30ХГСН2А 等),其显著特点是具有超乎一般的高强度。材料强度高可以使起落架质量小,因为减重一直是起落架设计中追求的重要指标。与此同时,材料要具有优良的综合性能,以保证起落架工作的可靠性。随着材料技术和制造技术的发展,强度级别 1 900~2 100 MPa 的 300 M 钢及其抗疲劳制造技术已成为美国飞机起落架的主导应用技术。

图 6.11　X－47B 无人机起落架

6.4　翼身组合体气动特性工程估算方法

在亚声速情况下,当径展比 $D/l \leqslant 0.1$ 时,翼身组合体在小迎角下的升力可用毛机翼的升力代替,但当 $D/l > 0.1$ 时,则需考虑翼身之间的干扰作用。这就引出了翼身干扰因子 $K_{a\alpha}$、$K_{\delta 0}$,但仅限于无弯扭的对称机翼。对于非对称机翼或带弯扭的机翼,引用有效安装角 $\varphi_{yx} = \varphi - \alpha_0$。这些干扰因子的定义如下:

$$K_{yi(sh)} = \frac{[Y_{yi(sh)}]_{a\alpha}}{Y_{dy \cdot yi}}, \qquad K_{sh(yi)} = \frac{[\Delta Y_{sh(yi)}]_{a\alpha}}{Y_{dy \cdot yi}}$$

$$k_{yi(sh)} = \frac{[Y_{yi(sh)}]_{\delta 0}}{Y_{dy \cdot yi}}, \qquad k_{sh(yi)} = \frac{[\Delta Y_{sh(yi)}]_{\delta 0}}{Y_{dy \cdot yi}}$$

关于干扰因子,多数情况是与来流 M_∞ 无关,只是组合体几何参数的函数。

上式中 $Y_{dy \cdot yi}$ 为单独外露机翼的升力,$\Delta Y_{sh(yi)}$ 为机翼对机身的干扰升力,$Y_{yi(sh)}$ 为机身对机翼的干扰升力。注脚"$a\alpha$"称为 $a\alpha$ 情况,指机身轴线与机翼零升力线重合的情况,此时机身有一迎角 α,机翼的有效安装角 $\varphi_{yx} = 0$。注脚"$\delta 0$"称为 $\delta 0$ 情况,指机身迎角为零,机翼相对机身有一有效安装角 $\varphi_{yx} \neq 0$。

引入干扰因子后,在小迎角下,翼-身组合体的升力系数可写为

$$(C_y)_{yi-sh} = C_{y_{dy \cdot sh}} \frac{S_{sh}}{S} + (K_{a\alpha}\alpha + K_{\delta 0}\varphi_{yx}) C^\alpha_{y_{dy \cdot yi}} \frac{S_{wl}}{S}$$

其中

$$K_{a\alpha} = K_{sh(yi)} + K_{yi(sh)}$$
$$K_{\delta 0} = k_{sh(yi)} + k_{yi(sh)}$$

式中,升力系数 $(C_y)_{yi-sh}$ 是以已转算成机翼面积 S 为参考面积。$C_{y_{dy \cdot yi}}$ 是以外露翼面积 S_{wl} 为参考面积,$C_{y_{dy \cdot sh}}$ 是以机身最大横截面积 S_{sh} 为参考面积。

翼-身组合体升力绕某一点的俯仰力矩系数为

$$(m_z)_{yi-sh} = (m'_{z0})_{yi-sh} + (m^\alpha_z)_{yi-sh}\alpha$$

其中

$$(m'_{z0})_{yi-sh} = \left[(\overline{X}_{P_{yi(sh)}} - \overline{X}_{F_{dy \cdot yi}}) + (\overline{X}_G - \overline{X}_{P_{sh(yi)}}) k_{yi(sh)} + (\overline{X}_G - \overline{X}_{P_{sh(yi)}}) k_{sh(yi)}\right] \varphi_{y \cdot x} C^{\alpha}_{y_{dy \cdot yi}} +$$
$$m_{z0_{dy \cdot yi}} + (m_{z_{sh(yi)}})_{\alpha=0}$$

$$(m^{\alpha}_z)_{yi-sh} = (\overline{X}_G - \overline{X}_{P_{sh}}) C^{\alpha}_{y_{dy \cdot sh}} + (\overline{X}_G - \overline{X}_{P_{dy \cdot yi}}) C^{\alpha}_{y_{dy \cdot yi}} + (K_{yi(sh)} - 1)(\overline{X}_G - \overline{X}_{P_{yi(sh)}}) C^{\alpha}_{y_{dy \cdot yi}} +$$
$$K_{sh(yi)} \times (\overline{X}_G - \overline{X}_{P_{sh(yi)}}) C^{\alpha}_{y_{dy \cdot yi}} + m^{\alpha}_{z_{sh(yi)}}$$

这里 $\overline{X}$ 指飞机质心位置与气动中心位置之间的平均长度与参考长度的比值。

习　题

6-1　基于气动设计考虑,简述机身形状以及起落架外形设计对无人机的影响。

6-2　(1) 简述常见机身外形。不同用途的无人机,机身外形各不相同,思考细长体机身设计的优劣。

　　　(2) 分析相较于机翼,直接作用在机身上气动载荷的大小,简述理由。

6-3　(1) 简述起落架的组成部件,思考各个部件的作用。

　　　(2) 简述起落架的布局形式,分析各种布局起落架的优劣。

　　　(3) 分析起落架在飞机起降过程中的作用,思考无人机是否需要起落架。

第 7 章　推进系统

7.1　飞机发动机

首先观察一下鸟是怎么产生动力的。鸟翅翼打开的时候,分内段和外段。鸟无论怎么挥动翅翼,内段部分只产生升力,几乎没有动力,所以把它称为臂翼。翅翼的外段叫首翼,首翼运动时顺着气流上去,回来的时候顶着气流回来,这时气流就会对它产生一个推力,这个力就是鸟飞行的动力,所以鸟通过羽毛、肌肉以及骨头的连接合力,就能够在首翼上面产生足够的推力,使鸟爬升到空中,也可使鸟进行各种动作的飞行,如图 7.1 所示。

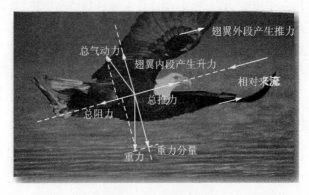

图 7.1　鸟翼的推力

那么飞机如何产生动力呢?由于人类难以制造出类似于肌肉骨骼连接的部件,无法产生大的力,因此英国的乔治·凯利(George Cayley,1773—1857)提出把动力和升力分开的建议。把动力和升力分开,相当于把鸟的首翼给切掉,留下臂翼产生升力。这样一来,怎样才能够爬升,怎样才能够产生动力呢?于是,人类就发明了发动机取代首翼。机翼只提供升力以平衡飞机重力,发动机只提供推力以克服飞机阻力,如图 7.2 所示。

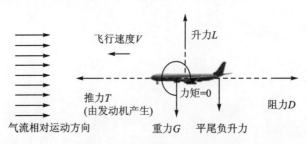

图 7.2　飞机向前飞行的原理

最早用于产生推力的装置为我国发明的竹蜻蜓。竹蜻蜓能飞起来的原理是:使安在轮毂上的叶片快速地转起来,这时气流和桨叶之间产生了相对运动,这个相对运动就会产生气动力,在旋转叶片上相对于气流方向同样有升力和阻力,如果把所有叶片上的气动力投影在飞行方向并求和,便得到螺旋桨的推力。如果把轮毂轴与其后的发动机连接,以带动螺旋桨旋转,就可以使螺旋桨产生推力,显然这里螺旋桨的作用是把发动机的旋转动能变成了飞机需要的平飞动能(如图 7.3 所示)。一般而言,螺旋桨飞机的最大速度约为 700 km/h,通常情况下在 500~600 km/h,如我国的运-8、运-7 都是这样的飞行速度。

在螺旋桨理论方面,1878 年,英国流体力学家弗汝德(W. Froude,1810—1879)首先提出叶素理论,将桨叶分为有限个微小段(称为叶素),然后根据翼型理论计算每一个叶素上的气动力,并认为绕过每个叶素的气流是二维的,因此叶素之间互不影响,相当于假定螺旋桨气流无径向流动,桨叶之间也无干涉,最后沿径向求桨叶上的总气动力。与动量理论相比,叶素理论处理的是作用在桨叶上的气动力。叶素理论未计入螺旋桨桨叶产生的下洗效应,也未考虑桨叶之间的干扰。为了改进叶素理论,儒可夫斯基和他所指导的研究生在 1912—1915 年以其发表的 4 篇论文创立了螺旋桨涡流理论。但为了简化问题,儒可夫斯基假设附着涡环量沿桨

图 7.3　涡轮螺旋桨发动机

叶展向不变,桨叶数目无限多,形成中间涡带、涡柱型侧面、附着涡底盘的旋涡筐。考虑到实际环量沿桨叶展向是变化的,英国流体力学家格劳特(H. Glauert,1892—1934)在 1926 年提出了螺旋桨涡流理论模型。该方法将普朗特的有限翼展理论应用于螺旋桨气动设计中,根据有限翼展理论,一个产生升力的有限翼展机翼,当气流绕过时气流将改变方向,引起气流下洗,气流下洗角大小取决于机翼的升力大小和展长。有限翼展绕流可看作是二维翼型绕流(无限翼展绕流)叠加下洗流动。下洗的作用使得来流迎角减小。应用翼型理论进行螺旋桨叶素分析,使用了翼型升阻特性数据,回避了有限机翼的展弦比问题,干扰流动由动量定律计算,螺旋桨的气动特性取决于桨叶数目、间距以及作用于每片桨叶上的气动力,因此也考虑了桨间干扰问题。这一理论也称为片条理论。

后来发明的涡轮风扇发动机成为现代大型运输机的主力发动机(如图 7.4 所示)。形式上,这种发动机前面是一个大的风扇,后面是高速旋转的涡轮机,这类发动机风扇产生的冷气流是推力的主要贡献者。一般情况下,安装涡轮风扇发动机的经济巡航速度可达到 800~900 km/h,要比螺旋桨飞机的速度快很多。

与涡轮风扇发动机相比,为了提高速度和推力,涡轮喷气发动机在涡轮前面不是一个低转速大直径的风扇,而是一个较小直径的中压压缩机(如图 7.5 所示),这类发动机的主要推力来源于涡轮后面的喷气。一般情况下安装这类发动机的飞机巡航速度可在超声速状态下飞行,如法国和英国研制的协和号中程超声速客机(Concorde,它和苏联图波列夫设计局的图-144 客机同为世界上少数曾投入商业使用的超声速客机,1969 年首飞),巡航速度大约为 2 150 km/h,最大巡航马赫数 2.04。虽然螺旋桨发动机的速度最小,但三类发动机中其推进效率最高,可达到 88%~89%。所以,人类开始是靠螺旋桨发动机将飞机升空,实现飞行梦想。但随着石油的枯竭,如果没有其他能源替代,恐怕最后还得回到螺旋桨发动机时代,因为

图 7.4　涡轮风扇发动机

螺旋桨发动机最节省燃油。如果有其他能源取代,例如用核电池取代燃油发动机,由核电池为电动机提供能量,电机驱动螺旋桨。但是因航空发动机技术难度大,现在国际上只有几家公司能够生产,如美国的普拉特·惠特尼集团公司(Pratt & Whitney Group)和通用动力公司(General Dynamics)、英国的罗尔斯-罗伊斯公司(Rolls - Royce Ltd.)等,这些都是国际上著名的航空发动机制造公司。

图 7.5　涡轮喷气发动机

我国研制的大型客机 C919,其发动机选用 LEAP - X1C 发动机,这是一款由我国航空工业集团有限公司和 CFM 国际公司联合在我国建立生产线,组装的类似于 CFM56 系列的发动机,推力达 $1×10^4$ 千克力(约 $9.8×10^4$ N)。CFM56 系列发动机是由 CFM 国际公司提供,该公司是由美国通用电气公司与法国斯奈克玛公司组成的合资公司。波音 777 - 200ER 所装的 GE90 - 115B 是一款推力最大的民用发动机,单台推力超过 $5.6×10^4$ 千克力(约 $5.488×10^5$ N)。美国普拉特·惠特尼集团公司的 PW4090 发动机,推力在 $4×10^4$ 千克力(约 $3.92×10^5$ N)左右。波音 777 - 200 系列选装英国罗尔斯-罗伊斯公司的遣达 800 系列发动机,推力达到 $4.1×10^4$ 千克力(约 $4.018×10^5$ N)。

　　航空事业从"螺旋桨时代"到"喷气式时代"是一个飞跃,喷气式发动机的发明,给世界航空工业带来了一场革命。喷气式发动机创始人之一的英国航空学工程师弗兰克·惠特尔(Frank Whittle,1907—1996,见图 7.6)爵士的一生充满着艰辛和传奇色彩。各种不同类型的发动机及装机分别如图 7.7~图 7.10 所示。

图 7.6　喷气式发动机创始人之一弗兰克·惠特尔

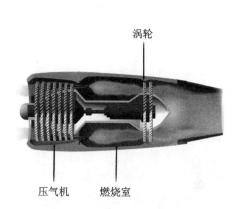

图 7.7　涡轮喷气式发动机

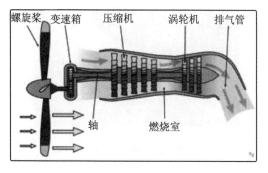

图 7.8　涡轮螺旋桨发动机

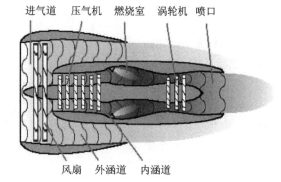

图 7.9　涡轮风扇发动机

图 7.10　对旋螺旋桨发动机

7.2 螺旋桨推进系统

靠桨叶在空气中旋转将发动机转动功率转化为推进力的装置称为螺旋桨。螺旋桨由多个桨叶和中央的桨毂组成,桨叶好像一个扭转的细长机翼安装在桨毂上,发动机轴与桨毂相连并带动它旋转。喷气式发动机出现以前,所有带动力的航空器都以螺旋桨作为产生推动力的装置。螺旋桨可用于装有活塞式和涡轮式发动机的飞机。直升机旋翼和尾桨也是一种螺旋桨。

螺旋桨旋转时,桨叶不断把大量空气(推进介质)向后推去,在桨叶上产生一个向前的力,即推进力。一般情况下,螺旋桨除旋转外还有前进速度。截取一小段桨叶来看,犹如一小段机翼,其相对气流速度由前进速度和旋转速度合成。桨叶上的气动力在前进方向的分力构成推力,在旋转面内的分量形成阻止螺旋桨旋转的力矩,由发动机的力矩来平衡。桨叶剖面弦(相当于翼弦)线与旋转平面的夹角称为桨叶安装角,也称为桨距角。螺旋桨旋转一圈,以桨叶安装角为导引向前推进的距离称为螺距。实际上桨叶上每一剖面的前进速度都是相同的,但由于圆周速度是与该剖面距转轴的距离(半径)成正比,所以各剖面相对气流与旋转平面的夹角随着离转轴的距离增大而逐步减小。为了使桨叶每个剖面与相对气流都保持在有利的迎角范围内,各剖面的安装角也随着与转轴的距离增大而减小,这就是每个桨叶都有扭转的原因。螺旋桨分为定(桨)距螺旋桨和变距螺旋桨两大类。

1. 定距螺旋桨

木制螺旋桨一般都是定距的。它的桨距(或桨叶安装角)是固定的(如图 7.11 所示)。适合低速的桨叶安装角在高速飞行时就显得过小;同样,适合高速飞行的安装角在低速时又显得过大。所以定距螺旋桨只在选定的速度范围内效率较高,在其他状态下效率较低。定距螺旋桨构造简单、质量小,在功率很小的轻型飞机和超轻型飞机上得到了广泛应用。

图 7.11 定距螺旋桨

2. 变距螺旋桨

为了解决定距螺旋桨高、低速性能的矛盾,出现了飞行中可变桨距的螺旋桨。螺旋桨变距机构由液压或电力驱动,如图 7.12 所示。变距螺旋桨如图 7.13 和图 7.14 所示。

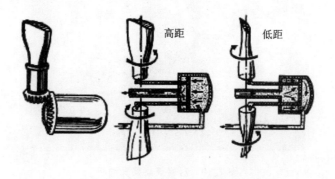

图 7.12 螺旋桨变距机构

图7.13　活塞变矩螺旋桨

图7.14　AH-140支线客机安装的涡轮变距螺旋桨

最初使用的是双距螺旋桨,高速时用高距,低速(如起飞、爬升状态)时用低距,后来又逐步增加桨距的数目,以适应更多的飞行状态。最完善的变距螺旋桨是带有转速调节器的恒速螺旋桨。转速调节器实际上是一个能自动调节桨距、保持恒定转速的装置,可以通过控制调节器和油门的方法改变发动机和螺旋桨的转速,一方面调节螺旋桨的推力,另一方面使螺旋桨处于最佳工作状态。在多发动机飞机上,当一台发动机发生故障时,螺旋桨在迎面气流作用下像风车一样转动,一方面增加了飞行阻力,造成很大的不平衡力矩,另一方面也可能进一步损坏发动机。为此,变距螺旋桨还可自动顺桨,即桨叶转到基本顺气流方向而使螺旋桨静止不动,以减小阻力。除此之外,变距螺旋桨还能减小桨距,产生负推力,以增加阻力,缩短着陆滑跑距离,这个状态称为反桨。

为了提高亚声速民用机的经济性和降低飞机油耗,70年代后期美国开始研究一种多桨叶螺旋桨,称为风扇螺旋桨。它有8～10片弯刀状桨叶,叶片薄,直径小。弯刀形状能起相当于后掠翼的作用,薄叶片有利于提高螺旋桨的转速。它适用于更高的飞行马赫数($Ma=0.8$)。由于叶片较多,螺旋桨单位推进面积吸收的功率可提高到300 kW/m^2(一般螺旋桨为80～120 kW/m^2)。

3. 自动变矩螺旋桨

该螺旋桨上的特种恒速器使飞机在一切飞行状态下都不需要飞行员操纵,自动适当地改变桨距角(桨叶安装角),以自动保持飞行员所给定的常转数,因而在所有的速度范围内,在每一飞行状态中都以所具有的最大效率工作着,改善了飞机在所有飞行状态下的飞行性能。在现代自动变矩螺旋桨上,桨距角θ的变化范围为30°～35°,而有些螺旋桨变距更大(带有需求范围的限动器)。起初使用的是螺旋桨和发动机的联合操纵,飞行员只需要拉动一个操纵柄,便可规定所需要用的发动机规律和最有利的螺旋桨转速;后来,用恒速器能始终保持螺旋桨的转数在所给的转数以上。大多数现代飞机上均采用自动变矩螺旋桨。

4. 顺桨式螺旋桨

顺桨即把桨叶"顺流"安置,与旋转面成 $90°$。在发动机出故障的情况下变成顺桨(桨叶前缘朝前),其迎面阻力比未变成顺桨的小 $5\%\sim10\%$。因此,双发动机以单发飞行时,如果出故障的那一台发动机的螺旋桨已变成顺桨,则比起没有变顺桨的同样的飞机,垂直速度较大,速度和高度范围较大,航程也要大 $50\%\sim60\%$。顺桨还有一个优点,就是当桨叶变成顺桨以后,不再转动,这就消除了进一步破坏发动机的危险。目前,许多飞机上都采用了顺桨。图 7.15 所示给出了螺旋桨在顺桨的位置。

5. 逆动(反顺桨)式螺旋桨

这种螺旋桨可以使桨叶有负的安装角,从而产生与飞机运动方向相反的负拉力。图 7.16 所示为桨叶变反顺桨的情形。负拉力是缩短着陆滑跑距离、多台发动机飞机的转弯、水上飞机的机动飞行、限制俯冲速度所必需的条件。反顺桨可把飞机的着陆滑跑距离缩短 $60\%\sim70\%$。

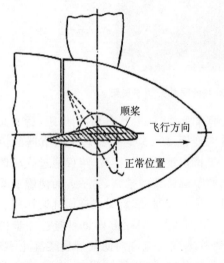 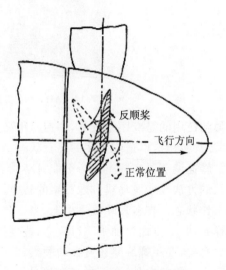

图 7.15　桨叶在顺桨位置　　　　图 7.16　桨叶在反顺桨位置

6. 共轴螺旋桨

共轴螺旋桨是一对螺旋桨,其安装的方式是一个螺旋桨直接接在另一个螺旋桨的后面,绕一根轴旋转,但旋转方向相反。共轴螺旋桨有下列优点:

① 发动机传给飞机的反作用力矩能减小到零。恶化飞机空气动力性能的那些补偿措施(不同的机翼安装角、垂直安定面的偏转等等)也就不必要了。

② 在 $V_{\max}$ 状态上,共轴螺旋桨的总效率要比与其总叶数相等、飞行条件(飞行速度为 V_0,螺距为 H,一对螺旋桨的桨叶数分别为 n、N,螺旋桨的直径为 D)相同的非共轴螺旋桨的效率高。

③ 在高速飞行时,共轴螺旋桨的效率比具有相同任务的两个孤立螺旋桨效率要高,从高速飞行时的效率方面来看,采用共轴螺旋桨相当于增加吸收功率的螺旋桨的数目。

④ 若装于大功率的发动机上,共轴螺旋桨的起飞性能(在原地时的拉力)要比单独螺旋桨好。要增加最大飞行速度,就要增大发动机的功率,但这样对于单独的螺旋桨来说,桨叶的宽度就要很大,叶数就要很多,反作用力矩因此就太大了。所以,能够利用大功率的发动机在设计上唯一的处理办法是增加桨叶数。用旋转方向相反的共轴螺旋桨可以把螺旋桨的滑流导直,从而提高了整个装置的效率。

桨壳与桨壳之间距离不大的共轴螺旋桨,称为联列螺旋桨,桨壳间距大的螺旋桨,称为纵列螺旋桨,如图 7.17 所示。

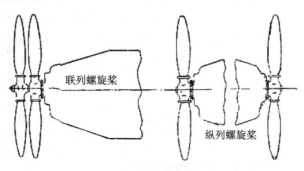

图 7.17 共轴螺旋桨

7.3 螺旋桨几何参数

7.3.1 螺旋桨直径和半径

确定螺旋桨尺码和形状的参数叫做螺旋桨的几何特性。螺旋桨最重要的几何特性是其直径 $D=2R$,即叶尖所扫掠的圆周直径(如图 7.18 所示)。螺旋桨直径的大小,通常由空气动力学计算和比较综合确定。螺旋桨的直径 D 与发动机的功率、转速、额定速度和高度、桨叶数及宽度皆有直接的关系。

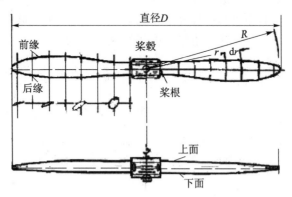

图 7.18 螺旋桨的直径

受空气压缩性的影响,当桨尖马赫数 Ma_R 达到一定值时,会在桨尖处引起激波损失,从而导致螺旋桨效率急剧下降,并使螺旋桨发出很大的噪声。因此,螺旋桨直径的取值将受到桨尖马赫数的限制。设螺旋桨的转速为 n_s,飞行速度为 V_0,在桨尖处的合速度为

$$W_R = \sqrt{V_0^2 + (\pi D n_s)^2}$$

相应的桨尖马赫数 Ma_R 为

$$Ma_R = \frac{W_R}{a} = \frac{\sqrt{V_0^2 + (\pi D n_s)^2}}{a}$$

其中,a 为空气声速。为了在最大平飞状态下获得高效率,一般要求金属桨的桨尖马赫数不大于 $0.95 \sim 0.97$。在给定飞行速度下,可通过减小桨尖圆周向速度的方法来减小桨尖马赫数,同时也可通过增加螺旋桨实度(增加桨叶数目和桨叶宽度)的方法来限制螺旋桨的直径和转速。此外,合适的螺旋桨平面形状也可增大桨叶的临界马赫数,如采用马刀形螺旋桨,可以增大临界马赫数,提高大马赫数下的螺旋桨效率,降低螺旋桨噪声。研究表明,如果桨尖马赫数略大于 $1(Ma_R = 1.08)$,马刀形桨叶的效率仍能保持较高的数值(70%),因此采用马刀形螺旋桨对提高飞机螺旋桨的使用范围是一种很有效的方法。若取桨尖马赫数的临界值为 Ma_{Rk},由此得到螺旋桨直径为

$$D = \frac{\sqrt{Ma_{Rk}^2 a^2 - V_0^2}}{\pi n_s}$$

此外,螺旋桨直径的大小还受到下述构造的限制:

① 飞机水平放于地面上,且轮胎和缓冲支柱都被完全压缩时,叶尖离地面的距离必须大于 $0.15 \sim 0.2$ m。

② 桨尖与飞机其他部件之间的距离必须大于 $0.2 \sim 0.25$ m。

③ 桨尖回转角度最大时,由叶缘至发动机罩之间的距离不能小于 0.25 m。

如某型螺旋桨直径 $D = 4\,000$ mm,桨毂直径 $d_0 = 780$ mm,螺旋桨桨叶数目 $N_B = 6$,发动机转速 $n = 1\,075$ rad/min,$n_s = 1\,075/60 = 17.92$ rad/s。在巡航飞行状态下,飞行速度 $V_0 = 600$ km/h,在 $8\,000$ m 高空处声速为 $a = 308.06$ m/s,相应的桨尖马赫数为

$$Ma_R = \frac{\sqrt{V_0^2 + (\pi D n_s)^2}}{a} = 0.91$$

该值小于一般金属桨的桨尖马赫数为 $0.95 \sim 0.97$。

螺旋桨转轴至桨叶尖的距离叫作螺旋桨半径 $R = (1/2) \cdot D$。某一截面至螺旋桨旋转轴的距离称为某截面的半径 r。截面半径与螺旋桨半径之比 $R_r = r/R$ 称为相对截面半径。螺旋桨桨盘面积 $A = \frac{\pi D^2}{4}$,是由不工作面积 $A_D = \frac{\pi}{4} d^2$(桨毂面积)与产生拉力的工作面积 $A_s = \frac{\pi D^2}{4}(1 - \xi^2)$(其中,$\xi = \frac{r_0}{R} = \frac{d}{D}$,称为螺旋桨不工作部分的相对半径,一般等于 $0.20 \sim 0.25$)所组成的。令 $\xi = 0.20 \sim 0.25$,可以看出,只有 $4\% \sim 6\%$ 的桨盘面积不产生拉力,因此,在做各种比较计算时,可用整个旋转面积进行计算。

7.3.2 桨叶数目 N_B

在螺旋桨设计中,桨叶数目也是一个非常重要的指标,因为它直接影响螺旋桨的气动特性和效率。随着螺旋桨吸收功率的增大,桨叶的数目也在增加。由早期的 2 叶桨,增加到 4 叶、6 叶以及 8 叶桨等。一般而言,多桨叶的螺旋桨可以减小螺旋桨的直径和宽度,这样可减小迎风阻力。另外,多桨叶的螺旋桨也可以有效地吸收发动机在同时增加飞行高度和速度时所加

大的全部功率。一般增大桨叶数目，必须考虑下列三个方面的问题：

① 增加桨叶数目会降低螺旋桨的效率。这是因为当螺旋桨旋转时，包围桨叶的扰流数目多的桨叶要比数目小的桨叶来得大。

② 螺旋桨的质量要增加。一般每增加一片桨叶，螺旋桨质量增加 $23\%\sim25\%$。

③ 对于战斗机而言，桨叶数目增多，加大了打穿螺旋桨的射击难度。

7.3.3　桨叶的叶素

螺旋桨的剖面是指垂直于展向（径向）的截面，也称为翼型或叶素。叶素的形状和尺寸对螺旋桨的工作性能会产生直接的影响（如升力系数、升阻比等），尤其是在高速飞行时影响更大。在螺旋桨发展过程中，常用的螺旋桨翼型有：苏联的中央流体力学研究院翼型（NAΓN 翼型，未公开发表），RAF-6 翼型（英国），Clark-Y 翼型（美国），NACA16 翼型（美国），ARA-D 翼型（英国）等。其中，RAF-6 翼型、Clark-Y 翼型为第二次世界大战以前的翼型，其形状为平底翼型。NACA16 翼型为典型的层流高速翼型，是第二次世界大战期间发展起来的翼型，其最大厚度在 50% 的弦线位置，前缘半径较小，如图 7.19 所示。这种翼型在设计升力系数附近阻力很小，但低阻力的迎角范围窄，最大升力系数小，不能适应螺旋桨工作范围很宽的要求。

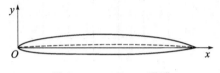

图 7.19　NACA16 翼型

ARA-D 翼型是 20 世纪 70 年代后期英国利用跨声速翼型理论和计算机技术发展起来的一种超临界翼型，如图 7.20 所示。与 NACA16 翼型相比，其特点是最大厚度前移，前缘半径增大，尾缘加厚。

图 7.20　ARA-D 翼型

对于不同的翼型，其气动特性曲线是不一样的，有的翼型适应于低速飞行的螺旋桨，有的适用于高速飞行的螺旋桨，有的失速特性好，有的失速特性差些。设计者可根据不同用途选用。

7.3.4　桨叶宽度 b 与桨叶平面形状

桨叶截面弦线长度称为桨叶的宽度 b。为了更好地发挥桨叶的气动性能，桨叶的宽度 b 沿径向是变化的，即 $b=f(r)$。一般桨尖和桨根部的桨叶宽度小些，而在桨叶中部区宽度最大。通常用相对宽度 $\bar{b}=\dfrac{b}{D}$ 表示桨叶宽度大小。一般而言，桨叶最大相对宽度在 6% 与 7% 之间为较窄的桨叶，在 8% 左右的为适中的，而在 9% 与 10% 之间为比较宽的桨叶。桨叶宽度沿半径方向的变化曲线,决定了桨叶的平面形状,如图 7.21 所示。此外,桨叶的平面形状还决定于桨叶的受力沿径向的变化和结构、强度因素,一般要求在定常载荷下尽量使得从 0.5R 到桨尖之间各叶素剖面内应力保持常数。此外,通常还用效用因子的概念来衡量桨叶的宽度。其定义为

$$AF = \frac{10^5}{16}\int_{r_0/R}^{1} \frac{b}{D}\left(\frac{r}{R}\right)^3 d\left(\frac{r}{R}\right)$$

螺旋桨效用因子是表征桨叶平面形状对吸收发动机功率大小的参数因子。一般位于 60~110 之间,桨叶宽度愈大,效用因子也愈大。对于宽度较小的桨叶,效用因子取 60~70,宽度适中的取 70~90,宽度较大的取超过 100。

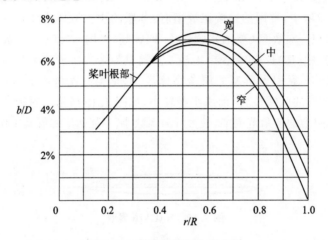

图 7.21　螺旋桨宽度分布曲线

　　螺旋桨平面形状决定于螺旋桨的空气动力与强度。根据库塔-儒可夫斯基升力环量定律,只要确定了环流沿桨叶展向的分布,桨叶形状也就确定了。根据螺旋桨气动力沿展向分布曲线(如图 7.22 所示),对于一般的飞行速度,均采用叶根部和叶尖部收缩的桨叶(针型),对于大功率发动机带动的高速飞行螺旋桨,根据气流特征为了更好地吸收发动机功率,可采用矩形或扇型桨叶。图 7.23 给出了不同桨叶的平面形状和合成速度分布。

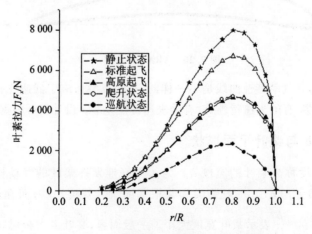

图 7.22　某型螺旋桨叶素拉力分布曲线

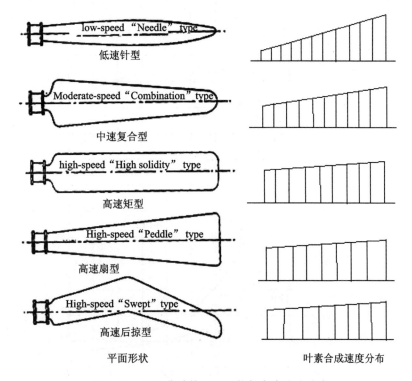

图 7.23 不同桨叶的平面形状与合成速度分布

矩形桨叶的实验表明,在高速飞行时矩形桨叶比普通桨叶有更好的空气动力性能,而且在低速飞行状态下矩形桨叶的气动性能也较好。这是因为这种桨叶在叶尖部分采用弯度小的薄叶素,提高了临界马赫数,从而降低了空气压缩所引起的损失。实验发现,两个形状相同宽叶尖的的螺旋桨,叶尖成圆形桨叶的空气动力性能比没有这种圆叶尖的矩形桨叶稍微差些。

7.3.5 桨叶厚度 C 分布

在任何半径 r 处桨叶剖面的最大厚度 C 称为该处桨叶的厚度。桨叶厚度与桨叶的宽度 b 之比称为桨叶的相对厚度 $\bar{C}$。根据桨叶的受力,桨叶厚度 C 沿径向是变化的,一般由桨根向桨尖端逐渐单调减小,如图 7.24 所示。当给定桨叶平面形状后,桨叶厚度沿径向的变化通常取决于桨叶结构和振动因素。但根据翼型气动特性,厚的翼型将产生低的升阻比,从而降低了螺旋桨效率,但失速区气动特性较好。为了提高螺旋桨效率,通常采用较小厚度的桨叶,但失速区气动特性较差。此外,薄的桨叶还可在高速飞行时推迟气流压缩性效应。一般而言,金属螺旋桨的桨叶梢端相对厚度为 4%~7%,木制螺旋桨梢端厚度为 7%~8%;金属螺旋桨在桨根处的厚度较大,取 20%~30%。

7.3.6 螺距与安装角(桨距)

在桨叶任意半径处,剖面弦线与螺旋桨旋转平面之间的夹角 θ 定义为桨叶剖面的安装角,现在也称为桨距(如变距桨即为变安装角的桨叶)。为使整个螺旋桨叶素均在有利迎角下工作,必须对桨叶沿径向扭转,因此叶素安装角沿桨叶半径方向是变化的。螺旋桨的螺距(过去

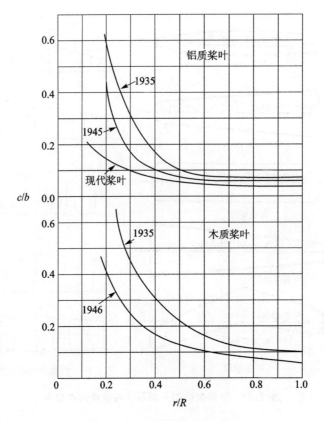

图 7.24 桨叶厚度沿展向分布

有些教科书也把螺距称为桨距)定义为

$$H = 2\pi r \tan \theta$$

螺距 H 可沿径向变化(变螺距桨),也可不变(定螺距桨)。实验表明,螺旋桨的螺距沿半径方向的变化在正常条件下是不重要的,定螺距桨也可给出最佳效率。对于高速飞行状态,螺距沿径向的适当增大对效率是有利的。木制桨的螺距常取 $H/D = 0.6 \sim 1.5$,非木制桨,螺距在飞行时是可以变化的。因此,"螺距"这个概念对螺旋桨效率来说已无实际意义。

桨叶扭角 χ 定义为任意半径 r 处叶素安装角与指定半径叶素安装角之差。通常根据桨叶的受力特征和分布,指定半径常取受力最大的区域,相对半径取 $2/3, 0.7, 0.75$ 均可。

$$\chi = \theta(r) - \theta(0.7R)$$

一般而言,螺旋桨的扭角常取 $10° \sim 30°$ 之间,图 7.25 为典型螺旋桨桨叶扭转曲线。

7.3.7 高速螺旋桨叶素与激波失速形成

螺旋桨叶素亦如机翼翼型一样,随着飞行速度的增大,采用高速螺旋桨叶素是非常必要的。所谓高速叶素,是指其在比普通叶素较高的飞行速度下才发生激波失速,这会导致由于空气压缩性而引起的激波损失。在处理这样的叶素时,主要的问题是要在保持足够用的升力系数(足够的拉力)情况下,减少剖面阻力。一般而言,对于 650 km/h 以下的飞行速度,螺旋桨叶素沿整个桨叶都采用普通叶素。而在 $650 \sim 700$ km/h 飞行速度范围内,把长度为螺旋桨半径 R 的 $15\% \sim 20\%$ 的一段桨叶叶尖区域做成尖头的,叶素最大厚度约在半弦处的高速螺旋桨

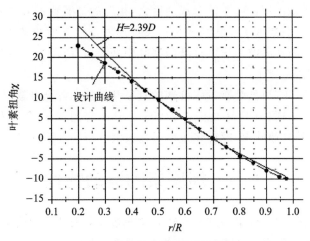

图 7.25　螺旋桨桨叶扭转曲线

叶素,其余部分仍保留普通叶素。对于更大的飞行速度,则沿整个桨叶皆做成高速螺旋桨叶素,并且还要特别注意减薄桨叶的中部和根部。

　　与机翼翼型一样,当螺旋桨叶素的合成速度 W 接近声速时,将产生激波而使叶素的空气动力性能恶化,导致阻力突然增大,升力减小,从而造成叶素拉力 T 减少,同时螺旋桨旋转所需的功率 P 增大,导致螺旋桨效率 $\eta = \dfrac{TV_0}{P}$ 降低。如图 7.26 所示,虚线表示各叶素临界马赫数的分布曲线,实线为各叶素的合成速度计算的马赫数分布曲线。显然在实线大于虚线的区域,桨叶叶素出现了局部超声速区,从而产生了局部压缩激波。同时,压力沿螺旋桨叶素的分布图也发生了变化,出现了激波阻力,形成激波失速,从而引起拉力减少和螺旋桨旋转所需用的功率增加。

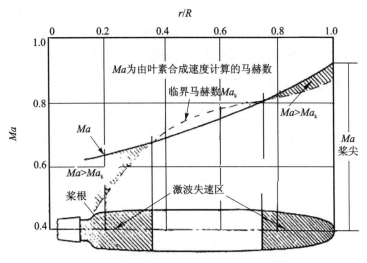

图 7.26　螺旋桨桨叶激波失速区域形成

　　激波失速可发生在所有合成速度大于当地声速的桨叶叶素上,一般最先出现在靠近叶根和叶尖的那些叶素区域(如图 7.26 斜线所示)。这是因为在靠近桨毂的区域叶素的马赫数虽小,但该处剖面厚且流线形不好,故临界马赫数亦小;而在靠近叶尖区域,虽然叶素薄、流线形好,临界马赫数大,但该区域的叶素的合成速度大,相应的马赫数也大。

图 7.26 所示的马赫数 Ma 曲线是在某一飞行速度下计算而得的。由于随着飞行速度的增加,曲线向上移动,因此激波失速区逐渐向桨叶中部扩大,所以减少桨叶激波失速区域、提高螺旋桨效率的方法有:

① 减少合成速度 W(也就是减少螺旋桨的直径和转速),降低叶素马赫数曲线。

② 提高桨叶叶素的临界马赫数分布曲线(一般比普通螺旋桨叶素的临界马赫数增大 5%~8%)。采用这种高速叶素,螺旋桨效率可在较大飞行速度下才开始剧烈降低。

7.4 螺旋桨的运动特性

螺旋桨的运动特性用螺旋桨前进和旋转运动的参数来表征。螺旋桨理论的基本问题就是解决流过桨叶气流的速度大小和方向与气动力的关系。

7.4.1 螺旋桨的转速

螺旋桨转速可用 n 或 n_s 来表示,其中 n 表示每分钟螺旋桨旋转次数 r/m, n_s 表示每秒钟螺旋桨旋转次数 r/s。现代飞机螺旋桨转速在 1 000~2 500 rad/min 之间,主要取决于螺旋桨的直径。为了在增加飞行速度 V_0 的同时保持合成速度 W(相对桨叶的空气速度,从激波损失看不能过大)在许可值范围内,就得减少圆周速度 $R\omega = \pi D n_s$,即在发动机上安装能减少螺旋桨转速的减速器。发动机轴转速与螺旋桨转速之比称为减速比(或称为减速器的传动比),对于现代发动机,这一比值在 2 以上。所选定的减速比值,对飞机的飞行性能有很大的影响。对于现代高速飞机,用二速减速很合适。其中一个是较小的减速比,在起飞和爬升时用;另一个是较大的减速比,在高速飞行时用。经过这样减速,可以把叶尖上的叶素马赫数减小 10%~15%。例如,在 12 000 m 高空以 885 km/h 的速度在叶尖处周向速度为 221 m/s 和 331 m/s 情况下飞行时,采用二速减速可以把叶尖马赫数由 1.12 减小到 0.95~0.97。因而,二速减速的采用能大大扩大螺旋桨在高速飞机上的适用范围,并且不恶化起飞和爬升的性能。

7.4.2 桨叶叶素速度多边形

螺旋桨由数片桨叶组成,在半径 r 处的桨叶叶素形状如机翼翼型。该叶素的宽度为 b,其弦线与螺旋桨旋转平面之间的倾斜角 θ 定义为螺旋桨叶素的安装角。螺旋桨绕旋转轴的旋转速度为 n_s,则叶素的圆周速度为 $U_0 = 2\pi r n_s$,前进速度为 V_0,几何合成速度为

$$W_0 = \sqrt{V_0^2 + U_0^2} = \sqrt{V_0^2 + (2\pi r n_s)^2}$$

几何合成速度与旋转平面之间的夹角称为几何入流角度,即

$$\tan \varphi_0 = \frac{V_0}{2\pi r n_s}$$

设由于螺旋桨旋转诱导的轴向干涉速度(也称为诱导速度)为 v_a,在旋转平面内所诱导的周向(环向)干涉速度为 v_t,则实际气流的合成速度为

$$W_1 = \sqrt{(V_0 + v_a)^2 + (U_0 - v_t)^2} = \sqrt{(V_0 + v_a)^2 + (2\pi r n_s - v_t)^2}$$

实际气流的入流角度为

$$\tan \varphi_1 = \frac{V_0 + v_a}{2\pi r n_s - v_t}$$

螺旋桨对气流的总干涉速度为

$$v_1 = \sqrt{v_a^2 + v_t^2}$$

气流合成速度的矢量表示式为

$$\boldsymbol{W}_1 = \boldsymbol{W}_0 + \boldsymbol{v}_1$$

设气流 $\boldsymbol{W}_1$ 的方向与螺旋桨叶素弦线之间的夹角为叶素的迎角 α,而与旋转平面之间的夹角为气流的入流角度,φ_1 与 φ_0 之差($\boldsymbol{W}_1$ 与 $\boldsymbol{W}_0$ 之间的夹角)称为干涉角 ε(如同机翼的下洗角)。由此可得(如图 7.27 所示),叶素的迎角为

$$\alpha = \theta - \varphi_0 - \varepsilon$$

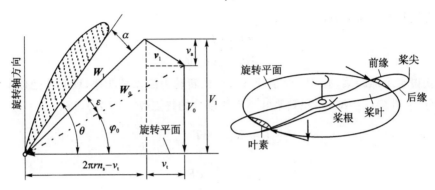

图 7.27　螺旋桨叶素的速度多边形

7.5　螺旋桨的空气动力特性

7.5.1　桨叶叶素力多边形

如图 7.28 所示,考察半径 r 处的叶素,设该叶素的宽为 b,径向增量为 $\mathrm{d}r$,其面积为

$$\mathrm{d}S = b\,\mathrm{d}r$$

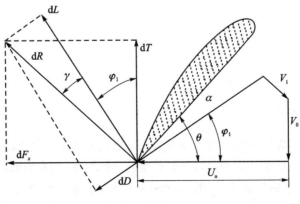

图 7.28　叶素受力

根据空气动力学理论,作用于该叶素上的气动合力为

$$dR = c_R \rho \frac{\boldsymbol{W}_1^2}{2} b\,dr$$

$$dR = \sqrt{(dL)^2 + (dD)^2}$$

$$dL = C_L \frac{1}{2}\rho \boldsymbol{W}_1^2 b\,dr, \qquad dD = C_D \frac{1}{2}\rho \boldsymbol{W}_1^2 b\,dr$$

把 dR 投影在旋转轴和旋转面上,便得出对应的拉力 dT 和圆周力 dF_x,即

$$dT = dR\cos(\varphi_1 + \gamma)$$

$$dF_x = dR\sin(\varphi_1 + \gamma)$$

其中,γ 为阻升角,$\tan\gamma = C_D/C_L$。

旋转力矩和叶素所吸收的功率为

$$dQ = dF_x r$$

$$dP = 2\pi n_s dQ$$

为了获得整个螺旋桨(有 N_B 个桨叶)的拉力、转动力矩以及功率,就必须把以上的微分公式加以积分,从叶尖($r=R$ 处)积到桨叶不工作部分的终点($r=r_0$ 处),得

$$T = N_B \int_{r_0}^{R} dT$$

$$dQ = N_B \int_{r_0}^{R} dF_x r$$

$$P = N_B \int_{r_0}^{R} dQ\, 2\pi n_s$$

相应的螺旋桨拉力系数、转矩系数以及功率系数为

$$C_T = \frac{T}{\rho n_s^2 D^4}$$

$$C_Q = \frac{Q}{\rho n_s^2 D^5}$$

$$C_P = \frac{P}{\rho n_s^3 D^5}$$

螺旋桨速功系数 C_s 为

$$C_s = \left(\frac{\lambda^5}{C_p}\right)^{1/5} = \left(\frac{\rho V_0^2}{n_s P}\right)^{1/5}$$

实验发现,这些系数是相似准则 λ、Re 以及 Ma 的函数。

7.5.2　螺旋桨的效率

螺旋桨效率是用螺旋桨的输出功率与输入功率之比来表示。输出功率为螺旋桨的推力与飞行速度的乘积。输入功率为发动机带动螺旋桨旋转的功率,也称为轴功率(不包括发动机自身消耗的功率,比如轴承的摩擦等,一般发动机的功率等于轴功率的 0.97)。在飞机起飞滑跑前,前进速度为零,螺旋桨效率也是零,发动机的功率全部用于增加空气的动能。随着前进速度的增加,螺旋桨效率不断增大,速度在 200～700 km/h 范围内效率较高,飞行速度再增大,

由于压缩效应,桨尖出现波阻,效率急剧下降。螺旋桨在飞行中的最高效率可达 85%～90%。螺旋桨的直径比喷气发动机的大很多,因此作为推进介质的空气流量也较大,在发动机功率相同时,螺旋桨后面的空气速度小,产生的推力较大,这对起飞(需要大推力)非常有利。

由于存在损失,发动机的轴功率不可能全部用来产生拉力 T。使飞机在空中以速度 V_0 运动的那一部分功率称为螺旋桨的有效或可用功率 TV_0,有效功率与螺旋桨旋转所消耗的发动机轴功率之比,称为螺旋桨的效率,即

$$\eta = \frac{TV_0}{P} = \frac{C_T \rho n_s^2 D^4 V_0}{C_P \rho n_s^3 D^5} = \frac{C_T}{C_P} \lambda$$

螺旋桨效率 η 是表征螺旋桨使飞机产生运动的有效功率的利用率。例如,对于以 600 km/h 巡航速度飞行的螺旋桨飞机,其螺旋桨的效率为 0.83,表示发动机的功率只有 83% 是有效的,而其余的 17% 是损失掉的。其中,约有 5/8 的功率损失是克服激波阻力引起的,剩下的 3/8 功率损失是由于螺旋桨的扭转、滑流、型阻等引起的。当继续增加飞行速度时,桨叶上的激波失速区域扩大,为克服激波阻力而损失的功率便要增加,用来产生拉力的那一部分功率就更加少了,螺旋桨效率便急剧下降。这些激波阻力损失的大小,可根据在已给定的圆周速度下的飞行速度$\left(\text{确定桨叶马赫数 } Ma = \frac{W_1}{a}\right)$和桨叶几何特性(决定临界马赫数)进行计算。由于空气声速 a 在变温层内随高度的增加而减小,故桨叶马赫数也增大,桨叶上的激波失速区域扩大。所以,螺旋桨效率在飞行速度不变的情况下会随着高度的增加而急剧降低。

7.6　螺旋桨气动设计

如图 7.29 所示,螺旋桨由一个直径为 D 的圆盘表示,假设桨叶的转动使整个圆盘前表面所受的压力减小,从距飞机前面一定距离的空气静压 p_0 减小到圆盘处的 p;由螺旋桨引起的向空气传递的能量使气流通过桨盘后压力增加一个 $\mathrm{d}p$ 值,那么紧挨着桨盘后一定距离处的空气压力就是 $p+\mathrm{d}p$,而桨盘后面较远处压力又回到了静压 p_0。压力增量均匀地分布整个桨盘区域的假设是近似的,尤其是在接近真实螺旋桨中心的部位应用这一假设有偏差,必须意识到真实螺旋桨不会像理论上的那么有效。

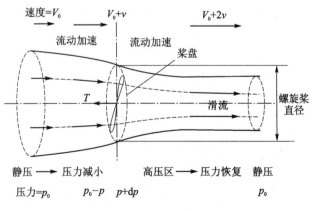

图 7.29　螺旋桨空气动力

螺旋桨的推力产生于圆盘前后的压差。总推力可以简单地由 $\mathrm{d}p$ 与桨盘面积相乘得到，桨盘面积可以由一般的求圆面积公式获得。因此,拉力大小可以表示为

$$T = \frac{\pi}{4}D^2 \times \mathrm{d}p$$

根据伯努利方程,桨盘前被减小的压力使得空气向桨盘加速。若远前方来流速度为 V_0,当气流穿过桨盘时速度变为 V_0+v。在螺旋桨后面,因压力增加气流加速,因此在螺旋桨后方一定距离,速度进一步增加到 V_0+2v。滑流速度的增加有一半发生在螺旋桨前,一半发生在螺旋桨后。滑流的直径在螺旋桨后有一定的收缩。

轴向干涉速度 v 与来流 V_0 之比称为螺旋桨的轴向干涉系数,用 a 表示,即

$$a = \frac{v}{V_0}$$

将拉力与来流速度和干涉系数联系到一起,可以得到螺旋桨的弗劳德方程,可表示为

$$\eta = \frac{TV_0}{T(V_0+v)} = \frac{1}{1+a}$$

由此可以看出,如果螺旋桨产生的流速增大,轴向干涉系数就增大。对于一个给定的推力,可以通过如下方法得到:用一个大半径的螺旋桨以低速运转,产生一个作用在大圆盘上的小压差,或是用一个小半径的螺旋桨以高速运转,产生一个作用在小圆盘上的大压差。

实际螺旋桨效率不可能达到上述理想效率值。主要存在的损失包括:① 轴向气流速度加速引起的滑流损失;② 由于扭矩引起滑流旋转的旋转损失;③ 螺旋桨桨翼在空气中运动时引起的翼型阻力(形阻和摩阻)损失;④ 拉力在桨盘上分布不均匀引起的损失(桨尖和桨毂损失);⑤ 桨叶有限数目引起的损失(螺旋桨拉力随时间变化引起的损失)。实际螺旋桨效率总是低于理想效率,一般螺旋桨的效率在 $80\%\sim88\%$ 的范围内。利用轴向动量方程,可得螺旋桨效率与拉力系数的关系为

$$\eta = \frac{2}{C_T}(-1+\sqrt{1+C_T})$$

由图 7.30 可见,随着拉力系数的增大,螺旋桨效率值起初下降较快,后面下降减缓,这说

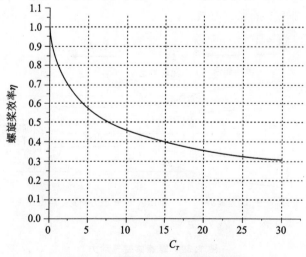

图 7.30　螺旋桨拉力与效率的曲线

明：① 效率随着拉力减小；② 效率随着飞行速度的增加而增加；③ 效率随着桨盘面积或螺旋桨直径的增加而增加；④ 效率随着流体密度的增加而增加。虽然螺旋桨效率与直径成正比，但随着直径增大，气流绕过桨叶的损失也增大，因此当直径增大到某一值时，实际螺旋桨的效率不可能再增大。

习　题

7-1　活塞式发动机能否实现超声速飞行，简述理由。（提示：超声速飞行会有激波产生）

7-2　发动机功率是否越大越好，简述理由。（提示：以活塞发动机为例，发动机性能要由发动机功率、功重比、燃油消耗共同决定）

7-3　简述涡轮喷气式发动机的主要部件及其作用。

7-4　简述涡轮风扇发动机的特点，与其他发动机相比优势何在。

第8章　固定翼无人机气动设计

8.1　微型和轻小型无人机气动设计

8.1.1　微型无人机气动设计特点

微型无人机(Miniature Unmanned Aerial Vehicle，MAV)是指空机质量小于等于 7 kg 的无人机。

由美国研制的"龙眼"无人机是目前已投入使用的无人机当中尺寸较小的无人机(如图 8.1 所示)，也是美国海军陆战队使用的小型、全自动、可返回、手持式发射的无人机。"龙眼"无人机相关参数如表 8.1 所列。

图 8.1　"龙眼"无人机

表 8.1　"龙眼"无人机相关参数

机　重	2.3 kg	巡航速度	56 km/h
展　长	1.1 m	续航时间	60 min
飞行高度	91~152 m	起飞方式	手持发射

"龙眼"无人机装备的可拆换的载荷、自动驾驶仪以及推进系统都来自商用现货(COTS)。每个"龙眼"无人机系统包括 3 架无人机和 1 个地面控制站。地面控制站使用 1 台加固的商用笔记本电脑。由 2 名士兵发射后，无人机按照事先编好的 GPS 路径点飞行。一旦进入目标区域，"龙眼"就会使用自身携带的传感器收集信息并将图片传回到地面控制站。

"龙眼"无人机动力系统所采用的 Electric Fuel 公司无人机电池，是该公司最先进的锌-空气电池的改型，具有功率大、质量轻特点。该公司认为，它的锌-空气电池具有大幅延长这种侦察飞机任务耐航时间的潜力。锂电池可以保证无人机以约 76 km/h 的速度飞行 60 min。

现在,美国海军陆战队 2 名士兵组成一个小组,用背包就可以携带"龙眼"无人机、4.5 kg 重的地面控制站以及备用电池徒步执行任务。连级指挥官可以通过"龙眼"无人机对敌军进行探测和识别以决定与其交战还是回避,同时避免了指派人员实地侦察的危险。"龙眼"无人机采用小型远程侦察系统(SURSS)将提供相当于营级能力的信息。

8.1.2　轻小型无人机气动设计特点

轻型无人机是指质量大于 7 kg,但小于等于 116 kg 的无人机,且全马力平飞中,校正空速小于 100 km/h(55 nmile/h),升限小于 3 000 m。

小型无人机是指空机质量小于等于 5 700 kg 的无人机。

多数轻小型无人机的布局形式为固定翼布局(见图 8.2),机翼是产生升力的主要部件。这种无人机在飞行时,靠动力装置产生前进的推力或者拉力,产生升力的主翼面相对于机身固定不变。由中测新图(北京)遥感技术有限公司研发的 ZC - 7 型无人机(如图 8.2 所示)就属于轻小型固定翼无人机,该无人机相关参数见表 8.2。

图 8.2　ZC - 7 型无人机

表 8.2　ZC - 7 型无人机相关参数

机身材料	玻璃钢	曝光形式	定点曝光
机身长	2.1 m	动力形式	推力桨
翼展	2.6 m	燃油	93 号汽油
最大起飞质量	18 kg	抗风能力	<12 m/s
最大任务载荷	5 kg	工作温度	−15~55 ℃
爬升率	5 m/s	起飞方式	滑跑起飞、弹射起飞
巡航速度	30 m/s		
续航时间	2 h	降落方式	滑跑降落、伞降降落
最大升限	4 km		

8.2 大型无人机气动设计

8.2.1 大型无人机气动设计特点

大型无人机是指空机质量大于 5 700 kg 的无人机。目前最为著名的大型固定翼无人机当属美国"全球鹰"无人机，如图 8.3 所示。

图 8.3 "全球鹰"无人机

"全球鹰"高空远程无人飞行器(HAE UAV)计划是为了满足空中防御侦察办公室(DARO)为联合力量指挥部提供远程侦察的需要而设计的。"全球鹰"无人机具有从敌占区域昼夜全天候不间断提供数据和反应的能力，只要军事上有需要它就可以启动。RQ-4A"全球鹰"无人机是美国空军乃至全世界最先进的无人机。"全球鹰"无人机可从美国本土起飞到达全球任何地点进行侦察，可在距发射区 5 556 km 的范围内活动，可在目标区上空 18 288 m 处停留24 h，其相关参数见表 8.3。

表 8.3 "全球鹰"无人机相关参数

翼 展	35.4 m	最大起飞质量	11 622 kg
机 长	13.5 m	机载燃料质量	>7 t
高 度	4.62 m	最大航程	26 000 km
最大飞行速度	740 km/h	续航时间	42 h
巡航速度	635 km/h		

8.2.2 固定翼无人机气动设计特点

下面以美国"全球鹰"(RQ-4Q)高空无人机(如图 8.4 所示)为例进行气动设计。气动参数见表 8.4。

"全球鹰"无人机在中空可以飞得相当快，但也只是高亚声速，为了保证安全，一般不在中空执行任务，其气动特点也不适宜中空飞行。"全球鹰"无人机在高空巡航马赫数可以达到0.63，有利飞行马赫数为 0.5～0.6。由于"全球鹰"无人机与"捕食者"无人机在任务属性等方面具有相似性，故图 8.5 所示为"全球鹰"无人机与"捕食者"(RQ-1)无人机的飞行包线、上升到一定高度所需时间曲线的比较。"全球鹰"无人机飞到高度 19 000 m 需要时间约为

115 min。

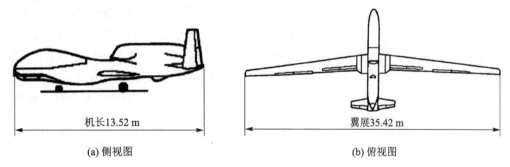

机长13.52 m

(a) 侧视图

翼展35.42 m

(b) 俯视图

图 8.4　"全球鹰"(RQ‑4Q)高空无人机

表 8.4　"全球鹰"(RQ‑4Q)高空无人机相关参数

翼　展	35.42 m	巡航速度	635 km/h
机　长	13.52 m	最大飞行速度	740 km/h
高　度	4.6 m	升　限	19 800 m
翼面积	50.2 m²	最大爬升率	17.3 m/s
展弦比	25.09	续航时间	42 h
平均翼弦长	1.41 m	最大航程	26 000 km
全机浸润面积	220 m²	失速速度	170 km/h
空重(带设备)	$4.177×10^3$ kg	翼　载	241 kg/m²
最大起飞质量	11 622 kg	跑道长度	1.5 km
机载燃料质量	$>7×10^3$ kg	起飞推力	31.3 kN
动力装置	1 台 AE3007H 涡轮风扇	单位推力燃油消耗量	0.053 kg/(N·h)

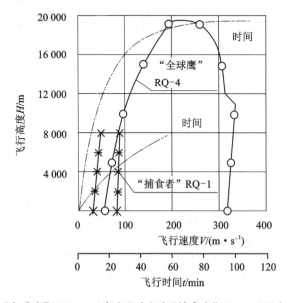

图 8.5　"全球鹰"(RQ‑4Q)高空无人机与"捕食者"(RQ‑1)无人机的比较

在一定高度范围内,飞行巡航高度越高飞得越快。但是由于受到起飞质量的限制,爬升得越高,所消耗的油量也越大,故有利于飞行的高度约为 15 000 m。之后随着燃料的消耗,飞机总重减轻,有利于高度的爬升,根据飞机巡航高度与飞行速度的关系曲线、飞行耗油量等数据,可以理论推算飞行约 25 h 以后才到达 19 000 m。但具体飞行剖面要根据任务要求而定,并非都用最优值。

"全球鹰"无人机使用层流翼型,翼型相对厚度为 16.3%。"全球鹰"无人机层流翼型与 LRT - 17.5 层流翼型外形对比如图 8.6 所示。

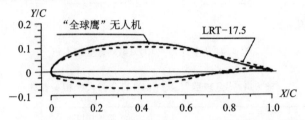

图 8.6 "全球鹰"无人机层流翼型与 LRT - 17.5 层流翼型外形对比

"全球鹰"无人机翼型压力分布不算很理想,将其与另一种较好的 LRT - 17.5 层流翼型作比较即可看到差别,如图 8.7 所示。选用这种翼型是由于还要照顾到其他要求,是各因素综合平衡的结果。

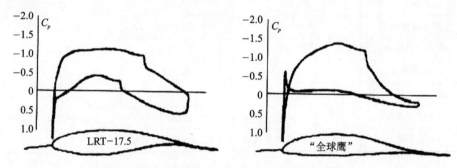

图 8.7 "全球鹰"翼型与 LRT - 17.5 翼型压力分布对比

LRT - 17.5 翼型最大升阻比较大,约为 155,"全球鹰"翼型比之稍差,如图 8.8 所示。"全球鹰"无人机翼型的升阻比曲线在 C_L 约为 0.7 时有一个转折,可能在这个雷诺数(2×10^6)时转折尚不稳定。

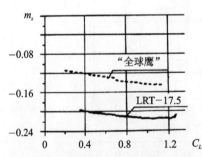

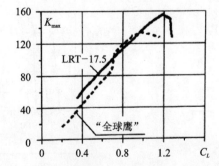

(a) "全球鹰"翼型与LRT翼型力矩系数对比　　(b) "全球鹰"翼型与LRT翼型最大升阻比对比

图 8.8 "全球鹰"翼型与 LRT 翼型力矩系数与最大升阻比对比

LRT-17.5 翼型最大升力系数比较大,在雷诺数 2 000 000,马赫数 0.57 时可以达到 1.54,马赫数 0.62 时可以达到 1.46。"全球鹰"翼型比之稍差,但是可以保证性能的要求。从"全球鹰"翼型的极曲线可知其最佳 C_L 约为 0.87,C_D 为 0.006 7(如图 8.9 所示),而且在迎角为 0°时,升力系数达到 0.7 左右,零升力迎角约为 -5°。当升力系数小于 0.7 后,由于是负迎角,翼型阻力迅速增加,所以使用这种翼型的无人机飞行所需升力系数不宜小于 0.7,即飞行高度不要太低。

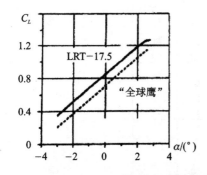

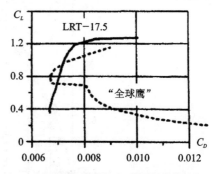

(a) "全球鹰"翼型与LRT翼型升力系数对比　　(b) "全球鹰"翼型与LRT翼型极曲线对比

图 8.9 "全球鹰"翼型与 LRT 翼型升力系数以及极曲线对比

不过这些曲线是某些翼型理论计算值,已经超过古典流体力学对翼型计算得出的 C_L 最大斜率($\mathrm{d}C_L/\mathrm{d}\alpha \leqslant 2\pi(\mathrm{rad}^{-1})$)的理论值。

根据上述数据,"全球鹰"在 19 000 m 高度飞行,速度为 680 km/h,雷诺数 $Re \approx$ 1 937 000,动压 $q = 187$ kgf/m$^2 \approx 1$ 833 N/m$^2 = 1.833$ kPa,升力系数应为 $C_L = (11\ 000/50.2)/187 = 1.17$,迎角约 2°,此时马赫数 0.64 左右。由此可见,所选用的大升力系数层流翼型是很合理的。设机翼形状系数 k_i 为 1.05,飞机当时的诱导阻力系数应为

$$C_{Di} = 1.05 \times 1.17^2/(3.141\ 6 \times 25.09) \approx 0.018$$

此时,飞机的废阻力系数(C_{D0})可以用表面摩擦因数估计。全机浸润面积约为 220 m^2,全机摩擦阻力系数用冯·卡门公式计算为 $C_f = 0.455/(\lg Re)^{2.58}$,即 C_f 为 0.004。这样全机的废阻力系数为

$$C_{D0} = 0.004 \times 220/50.2 \approx 0.017\ 4$$

修正干扰阻力等因素,得到

$$C_{D0} = 1.25 \times 0.017\ 4 = 0.022$$

在这种状态下,飞机的总阻力系数为

$$C_D = 0.022 + 0.018 = 0.04$$

飞机的升阻比为

$$K = 1.17/0.04 \approx 29$$

如果按理论公式计算,其最大升阻比约为 30 或者更大一些。"全球鹰"无人机实际的气动力特性与理论值相比应该说是很好地吻合了。这个估算值与给出的数据很接近。图 8.10 所示为"全球鹰"无人机极曲线。

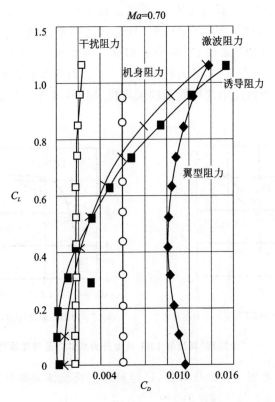

图 8.10 "全球鹰"无人机极曲线

实践练习

固定翼无人机气动设计:根据现有的知识,进行一架固定翼无人机的气动设计,要求列出该无人机翼型以及机翼的关键数据、飞行条件等相关参数。下面以某农用无人机为例。

1. 无人机性能参数

表 8.5 所列为某无人机预设的关键性能参数。下文根据上述参数,进行无人机机翼设计。

表 8.5 无人机基本参数

翼　展	6.5 m	最大平飞速度	200 km/h
机翼面积	6.5 m^2	巡航速度	150 km/h
空机质量	300 kg	失速速度,着陆状态	85 km/h
最大起飞质量	550 kg	实用升限	4 000 m
起飞滑跑距离	150 m	着陆滑跑距离	100 m

2. 无人机机翼设计

飞机的最大起飞总重为 550 kg,基于该无人机各项基本参数:

巡航速度:150 km/h(或 41.7 m/s)

失速速度:85 km/h(或 23.6 m/s)

由 $G=L=\dfrac{1}{2}\rho V^2 S C_L$，其中 ρ 为空气密度，S 为机翼面积，C_L 为升力系数，可以分别得到巡航和失速升力系数：

① 以海平面为准

$$C_{L\text{-cruise}}=\frac{550\times9.8}{0.5\times1.225\times41.7^2\times6.5}=0.78$$

$$C_{L\text{-stall}}=\frac{550\times9.8}{0.5\times1.225\times23.6^2\times6.5}=2.4$$

② 考虑到空气密度会随着海拔高度变化，在 4 000 m 高空有

$$C_{L\text{-cruise}}=\frac{550\times9.8}{0.5\times0.819\times41.7^2\times6.5}=1.11$$

$$C_{L\text{-stall}}=\frac{550\times9.8}{0.5\times0.819\times23.6^2\times6.5}=3.58$$

同时，机翼展弦比为 $A=\dfrac{b^2}{S}=\dfrac{6.5^2}{6.5}=6.5$，属于合理范围；

根据梯形机翼的平面形状，考虑到翼梢段占据的展长和机翼面积的限制，主机翼段设计展长为 5.58 m，翼根弦长为 1.24 m，翼梢弦长为 1 m，1/4 弦线后掠角为 0°。由此计算出平均气动弦长 MAC＝(1.24 m+1 m)/2＝1.12 m，因此，梢根比为 $\lambda=0.806$。

机翼主翼上反角为 5°，机翼的基本外形如图 8.11 所示。

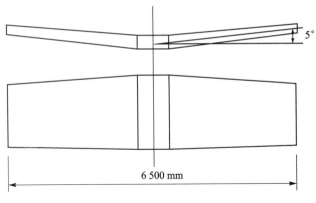

图 8.11　机翼外形布置

通过上面计算所得的全机巡航升力系数要求，并考虑到平尾配平损失及机翼三维效应，因此巡航状态翼型所需升力系数为

$$C_{L\text{-airfoil}}=C_{L\text{-cruise}}\times(1.15\sim1.2)=0.897\sim1.33$$

依照上述的升力气动特性选择翼型，翼型应当满足零迎角升力系数约为 0.9 的要求。对于机翼，由于机翼根部面积较大，翼根翼型应当选择升力系数较大的翼型，同时应当适当扭转 3°左右，以达到增加机翼升力的目的；为了尽可能降低机翼低头力矩以及避免翼梢较早失速，翼梢翼型应当选择厚度较小的翼型，并扭转 −2°左右。

在选择翼型时同时应该考虑到翼型的升阻比、失速迎角等方面。

第9章 旋翼无人机气动设计

9.1 无人直升机气动设计特点

作为无人机家族的重要成员,无人直升机具有垂直起降、悬停、低空低速过场等飞行能力,可以在复杂地形进行起降而不需要跑道,这些优势使其能够顺利地完成许多常规固定翼飞机完成不了的任务。根据平衡直升机主旋翼抵消反扭矩的方式不同,无人直升机的典型布局有单旋翼带尾桨式、共轴双旋翼式、共轴双旋翼带尾桨式等。

图 9.1 所示为由北京航景创新科技有限公司研发的 FWH－160 单旋翼无人直升机,它是一款全自主、多功能以及具有高可靠性的无人驾驶直升机,具有自主飞行、半自主飞行以及人工遥控多种飞行模式。同时,这款无人机操作简单、功能强大、性能可靠,其高达 30 kg 的载荷能力可实现各种应用需求。FWH－160 型无人直升机的相关参数见表 9.1。

图 9.1 FWH－160 无人直升机

表 9.1 FWH－160 型无人直升机相关参数

机身长	2 380 mm	最大起飞质量	80 kg
机身宽	510 mm	最大任务载荷	30 kg
机身高	700 mm	续航时间	4 h
最大平飞速度	80 km/h	巡航高度	3 km
巡航速度	50 km/h		

9.2 多旋翼无人机气动设计特点

以四旋翼无人机为代表的多旋翼无人机在布局上属于非共轴式碟形旋翼飞行器,多个旋翼对称分布。与传统的单旋翼飞行器相比,多旋翼飞行器取消了尾桨,不仅更加节能,还减小了飞行器的体积;四旋翼飞行器通过调节四个旋翼的转速来调整飞行器姿态,不需要单旋翼直升机的倾角调节装置,在机械设计上更加简单;多个旋翼共同提供升力,桨叶可以做得更小,易于小型化。图 9.2 所示为 F50 型多旋翼无人机。它是典型的四旋翼无人机,也是我国 AEE 深圳-电航空技术有限公司 2013 年重点推广的项目,主要有军用、警用、民用三大应用领域,可实现多维度侦察、拍摄。

　　同时,F50 型多旋翼无人机可以供多种机载拍摄、监控任务设备选择,具有地面控制站及小型监控录像一体式遥控器,满足各种环境和任务需要;可长时间空中悬停及飞停于某固定点;可执行停机定点侦察、监控、拍摄任务,自带大内存超小机载

图 9.2　F50 型多旋翼无人机

高清拍摄设备,可远距离无线实时影像回传,操控灵活、稳定可靠,可轻松实现多维度侦察、监控、拍摄任务。F50 型多旋翼无人机机身轻巧可靠、结构紧凑、性能卓越,特别适合在复杂环境(如丛林、室内、城区及人员密集区域等)执行任务,也适合单兵、单警携带执行任务。F50 型多旋翼无人机相关参数见表 9.2。

表 9.2　F50 型多旋翼无人机相关参数

机身材料	复合材料	机身长度	约 1 000 mm
最高巡航速度	80 km/h	最长续航时间	60 min
最大飞行高度	7 km	最大抗风能力	6 级

9.3　单旋翼直升机气动设计特点

9.3.1　旋翼的布置

　　一般直升机的旋翼轴线相对机身轴线的垂线向前倾斜一个角度,称为旋翼轴前倾角,用 α_{rs} 表示。向前倾斜的主要目的之一是使直升机在水平前飞时,机身不至于处在很大的负迎角状态。如图 9.3 所示,可以得到机身迎角 α_{sh} 的表达式为

$$\alpha_{sh} = \alpha_{rs} - \alpha_1 - (-\alpha_{\pi l}) \approx \alpha_{rs} - \alpha_1 - 35.3\Delta\widetilde{C}_x V^2$$

式中:$\alpha_{\pi l}$ 为桨盘前倾角;α_1 为旋翼锥体后倒角。

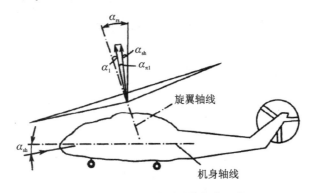

图 9.3　直升机前飞时的机身迎角

　　α_1 由纵向的力矩平衡关系确定,也就是说,和重心前后位置及除旋翼外其他部分产生的力矩有关,重心越靠后,其他部分的抬头力矩越大,则 α_1 越小,甚至于变成负值。可以看出,假

如旋翼轴没有前倾,且 $\alpha_1 \approx 0$,则由图9.4可以看出,当机身处于较大的负迎角状态时,直升机的单位废阻往往会显著增加。同时,此时的机身会产生向下的气动力,因而旋翼的拉力必须增加,诱导功率和形阻功率都会有所增加。

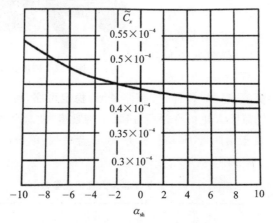

图9.4 单位废阻与机身迎角的关系

旋翼轴适当前倾就可以解决这个问题。

在总体设计阶段,要保证在所要求的飞行速度下使机身迎角 $\alpha_{sh}=0$,准确的确定所需要的旋翼前倾角是不可能的,也是不必要的。实际上,机身在一定的迎角范围内,单位废阻变化不大。因此,可以利用下面的公式确定前倾角,即

$$\alpha_{sh} \approx 35.3 \Delta \tilde{C}_x V^2$$

该式是基于假定 $\alpha_1 \approx 0$ 得出的。由于直升机重心一般在旋翼轴之前,而其他部分力矩之和往往是抬头力矩,故 $\alpha_1 \approx 0$ 近似于实际情况。上式中的飞行速度可取所要求的巡航速度(以 m/s 为单位),对于一般中等质量(7 000~10 000 kg)而又未采取特殊降低废阻措施的直升机,$\tilde{C}_x$ 约为 0.45×10^{-4};对于轻型直升机,$\tilde{C}_x$ 可达 0.6×10^{-4} 以上;而当直升机质量达到 15 000 kg 以上时,$\tilde{C}_x$ 可能在 0.35×10^{-4} 以下。

利用上式估算 α_{rs} 以后,还要根据总体布局的要求加以调整并最后确定。在确定 α_{rs} 时,还必须注意到,过大的前倾角会导致直升机在悬停、起飞、着陆过程中机身上仰过大,这也是不容许的。旋翼中心相对于机身轴线的高度往往由构造布置要求决定。在旋翼和机身顶部之间应有足够的高度来布置主减速器和控制系统,保证旋翼桨尖与尾梁之间的间隙,减小旋翼与机身之间的气动干扰,但是这样往往会导致结构质量的增加。

9.3.2 尾桨的布局以及参数

在实践中,人们发现了尾桨布局上的一些问题,如在某些机动状态和风向风速下,以及贴地程度不同时,尾桨推力不够,航向的操纵功率不足,或在上述条件下载荷计算不准确,未能保证强度要求。为此人们对尾桨的布局参数进行全面研究,特别是在悬停和低速飞行状态下,对于尾桨相当于旋翼的位置。推进式还是拉进式,尾桨和尾梁(垂尾)的间距,以及尾桨旋转方向等进行试验研究。除此之外,还对在新要求下的设计准则进行了探讨。

全机气动布局中应考虑的尾桨布局参数如图9.5所示。在研究过程中,对尾桨周围的流场做了详细的试验。试验表明,旋翼动量流、旋翼桨尖涡、地面涡、尾桨涡环以及风向等,对尾

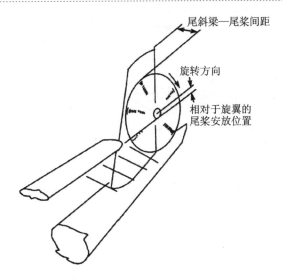

图 9.5　尾桨气动布局主要参数

桨的推力和功率有极为复杂的影响,主要表现如下:

① 旋翼尾流沿地面扩散时,在某些风的方位角下,尾桨浸入在旋翼动量流中。当尾桨底部向前旋转(即底向前)时,尾桨桨盘浸入的那一部分(下部)动压增加,推力也增加;而尾桨底部向后旋转(即底向后)时,则相反。如尾桨的垂直位置高,则浸入部分小,旋翼动量流的影响也小。旋翼动量流对尾桨推力的影响如图 9.6 所示,其中 ψ 是风的方位角,T_{TR} 是尾桨推力。

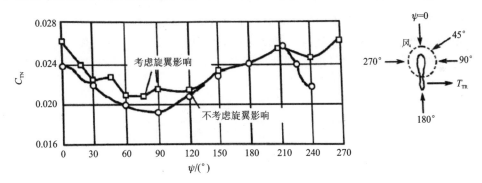

图 9.6　旋翼对尾桨推力的影响

② 旋翼的桨尖涡一般在 $V=37$ km/h 时已出现,到 $V=65$ km/h 时完全形成。旋翼桨尖涡的强度与桨盘平面的夹角、桨盘载荷、桨盘离地高度有关。图 9.7 所示说明了旋翼桨尖涡的影响,其中 C_{TN} 为推力系数。

③ 地面涡是在地面效应下的旋翼尾流和风相互作用而形成的。在某些后向来风或者无人机向后飞时,尾桨在此涡中工作。如尾桨旋转方向和地面涡的旋转方向相同,就会对尾桨推力和功率产生不利的影响。同样,地面涡也将对平尾有影响。

④ 直升机向尾桨排出气流方向侧飞时,有可能使尾桨进入涡环状态,导致尾桨推力减小。当尾桨布置接近旋翼桨尖时,桨叶的桨尖涡状态减缓形成。风洞试验表明,尾桨涡环是沿尾桨旋转方向成螺旋状离开尾桨的。当尾桨旋转方向为底部向后时,由于和桨尖涡同方向,故使涡环加重,反之能减缓尾桨涡环状态。

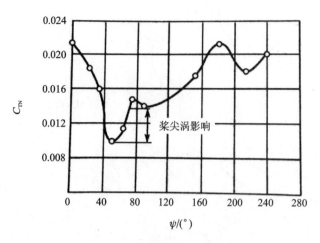

图 9.7　旋翼桨尖涡的影响

实践练习

旋翼无人机气动设计：根据现有的知识，对一架四旋翼无人机进行气动设计，要求列出该无人飞机浆叶的几何外形、气动布局方式、飞行条件等相关参数。

1. 无人机性能参数

与传统的单旋翼飞行器相比，多旋翼飞行器取消了尾桨，不仅可以更节能，而且减小了飞行器的体积；四旋翼飞行器通过调节四个旋翼的转速来调整飞行器姿态，不需要单旋翼直升机的倾角调节装置，在机械设计上更加简单；多个旋翼共同提供升力，桨叶可以做得更小，易于小型化。

表 9.3 所列为某无人机预设的关键性能参数。下面根据上述参数，进行无人机机浆叶选取。

表 9.3　无人机基本参数

浆直径	0.195 m	最大平飞速度	20 m/s
螺旋桨数目	4	最大上升速度	6 m/s
螺　距	0.028 m	旋转速度	4 200 r/min（地面）
最大起飞质量	1.5 kg	实用升限	4 000 m
机身净重	1.0 kg	飞行时间	30 min

2. 无人机浆叶选取

无人机的基本外形如图 9.8 所示。

四旋翼无人机的最大起飞质量为 1.5 kg，

① 飞机悬停时，即飞机的平飞速度与上升速度均为 0 m/s；

② $G = 4P = 4\rho n_s^2 D^4 C_a$，其中 ρ 为空气密度，n_s 为旋翼旋转速度，D 为浆叶直径，C_a 为拉力系数，基于该无人机以上各项基本参数可以得到：

以海平面为准

$$C_a = \frac{5 \times 9.8}{4 \times 1.225 \times 70^2 \times 0.195^4} \approx 1.4$$

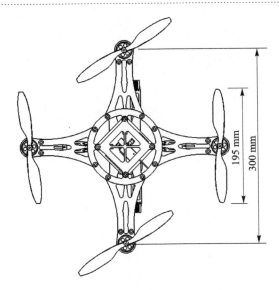

图 9.8　某四旋翼机外形布置

考虑到空气密度会随着海拔高度变化,在 4 000 m 高空有

$$C_a = \frac{5 \times 9.8}{4 \times 0.819 \times 70^2 \times 0.195^4} \approx 2.1$$

当飞机以最大上升速度垂直飞行时,根据风洞测试结果,该量级的无人机受到的空气阻力约为 1 N,可以得到:

以海平面为准

$$C_a = \frac{5 \times 9.8 + 1}{4 \times 1.225 \times 70^2 \times 0.195^4} \approx 1.43$$

考虑到空气密度会随着海拔高度变化,在 4 000 m 高空有

$$C_a = \frac{5 \times 9.8 + 1}{4 \times 0.819 \times 70^2 \times 0.195^4} \approx 2.15$$

图 9.9 所示为浆叶示意图。考虑到浆叶各个截面的设计以及浆叶的优化会涉及微积分,在选取浆叶时可以直接参考现有的浆叶性能参数。

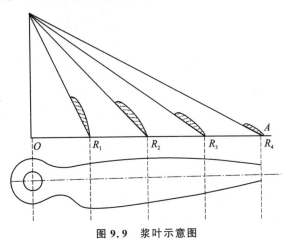

图 9.9　浆叶示意图

第 10 章　特殊混合布局无人机气动设计

10.1　鸭式旋翼/机翼无人机气动设计特点

　　复合式布局无人机是由基本布局类型组合而成,其中较为典型的布局形式为鸭式旋翼/机翼,其将直升机的垂直起降、悬停等灵活性与固定翼飞机的快速性、航程远等特点结合在一起。

　　我国西北工业大学研制的"灵龙"无人机首次实现了复合式布局无人机的自主控制飞行(如图 10.1 所示)。"灵龙"无人机采用由前置鸭翼、主机翼、T 型尾翼组成的阶梯状三翼面布局形式。飞机的主机翼采用椭圆对称翼型,且为左右对称的两片,既可以旋转作为旋翼又可以锁定作为固定翼。高速旋转时可作为垂直起降用的旋翼,对主机翼进行总距和周期变距控制,使得无人机可以像直升机一样飞行。锁定后又可作为固定翼飞行的主升力面之一,主机翼卸载和停转过程中主要由前后的鸭尾翼提供升力,主机翼锁定后,飞机可以三翼面固定翼方式进行高速飞行。采用 T 型尾翼的目的是为了更好地避开主机翼对平尾造成的洗流影响。

　　在驱动方面,飞机的主机翼采用轴驱动,驱动系统和操纵机构采用现成品改装,动力为无刷电机以方便主机翼的空中停止和启动。主机翼采用碳纤维定制,外形及所采用翼型根据前期地面试验结果从多副主机翼中进行选取。由于主机翼的高速旋转采用的是轴驱动方式,为平衡飞机旋翼模式飞行时的主机翼旋转扭矩,故飞机尾部带有反扭矩尾桨。

　　较早一些,由美国波音公司研制的 X-50A"蜻蜓"(Dragonfly)无人机也是鸭式旋翼/机翼(Canard Rotor/Wing,CRW)无人机,如图 10.2 所示。

图 10.1　"灵龙"无人机

图 10.2　X-50A"蜻蜓"(Dragonfly)无人机

　　"蜻蜓"无人机计划由美国国防高级研究计划局(DARPA)提出,波音公司负责研制样机,这种复合式飞机称为鸭式旋翼/机翼无人机。"蜻蜓"无人机设计有类似直升机的宽旋翼,当飞机起飞降落时旋翼就是无人机上的螺旋桨,当飞机平飞时,旋翼被锁定在机身上,它就成为固定机翼,从而使飞机既具有直升机一样的垂直起降和空中悬停能力,又能像固定翼飞机那样高速巡航飞行。这种设计不仅融合了两种不同种类飞机的飞行性能,提高了各自的飞行包线,而且还具有较低的信号特征值和很好的高速飞行生存性。

X－50A"蜻蜓"无人机于 2003 年 12 月 3 日在亚利桑那州尤马试验场完成首次悬停试验,由此拉开了这种复合式直升机的飞行试验序幕。在 2003 年 12 月 3 日的首飞中,"蜻蜓"无人机垂直起飞至 12 英尺(3.65 m)高度之后进行悬停,然后垂直着陆,飞行共持续了 80 s。接下来还将进行十多次的飞行试验,试验内容包括扩展悬停、前飞以及两次转换飞行模式(从直升机模式过渡到固定翼飞行模式,反之亦然)飞行。"蜻蜓"无人机的相关参数见表 10.1。

表 10.1　"蜻蜓"无人机的相关参数

翼展/旋翼直径	3.66 m	最大起飞质量	600 kg
机身长	5.26 m	最大平飞速度	694 km/h
机身高	1.6 m	升　限	3 050 m
尾翼展	2.9 m	最大任务距离	1 815 km
燃油质量	272.5 kg	任务区留空时间	3 h
最大任务载荷	91 kg	起降方式	垂直起降

10.2　倾转旋翼无人机气动设计特点

倾转旋翼无人机同样可以悬停或采用固定翼模式飞行,它将两个带发动机舱的旋翼安装在机翼两侧翼尖部位,通过倾转旋翼作用方向,使其在起降阶段产生类似于直升机桨叶的作用,提供升力;而在飞行阶段起到螺旋桨的作用,提供动力,带动无人机前飞,升力仍由机翼产生。

例如美国贝尔直升机公司为海岸警卫队设计的"鹰眼"无人机(如图 10.3 所示),作为其"深水"计划中用于巡逻艇的倾转旋翼无人机。该无人机的相关参数见表 10.2。

图 10.3　"鹰眼"无人机

表 10.2 "鹰眼"无人机相关参数

机　长	5.18 m	续航时间	5.18 m
翼　展	4.63 m	升限高度	6 096 m
总　重	1 293 kg	有效载荷	90 kg

倾转旋翼无人机是一种多用途无人机,采用自由机翼概念的专利技术,已开发并飞行了数架有人机和无人机,例如"蝎子"(Scorpion)有人机(如图 10.4 所示)、"鲼鳒"(Manta)有人机(如图 10.5 所示)以及"惊奇者"有人机等。公司在 1983 年即以"自由翼"命名。按自由翼方案设计,当安装角可变时,迎角是恒定的,和常规固定翼飞行器的飞行概念相反,当机翼以展向枢轴自由地套接在机身上就可以做到上述这一点。这样,由于机翼能绕此轴转动,所以它必然能非常迅速地对阵风作出反应。

对无人机而言,机身/尾翼可以被视作组合体,进而演化成为倾转前机身设计布局。这种方案有许多优点:设计简单且短距,垂直起落性能好;作为传感器平台有固定的稳定性;机翼和机身可制成模块化按任务需求组合;在阵风条件下,比固定翼飞机的作战性能好,可以低于失速速度数倍的低速飞行而不发生失速;由于结构简单,传感器不太需要稳定器,因而降低购置和使用费用,减少了飞机结构承受的气动冲击,以而延长了传感器寿命;明显降低了气动载荷,减轻了结构质量等。

图 10.4 "蝎子"(Scorpion)有人机

图 10.5 "鲼鳒"(Manta)有人机

倾转旋翼无人机采用外伸式自由翼和中心升力体机身,双尾梁结构。作为升力体的中央机身上安装了发动机,并有两根铰接在机身的尾梁,借此控制拉力的方向和俯仰姿态。作用在尾面上的空气动压使尾梁与飞行轨迹相平行,而机身则上昂,拉力也随之倾转,所以升力体也构成某种空气刹车。在倾转机体的拉力矢量变化过程中,机上的自由翼迎角始终处于理想状态并能减小阵风载荷,因此可能以接近垂直的路线进行缓慢飞行和以非常陡的角度下降,这种超短距起降属性对无人机设计是很理想的,因为它可能在很小的区域内起降或者以很慢的速度飞越感兴趣的目标区。倾转旋翼无人机发射和回收方式是采用轮式起飞,也可以采用导轨或火箭助推起飞,轮式着陆。倾转旋翼无人机的相关参数见表 10.3。

表 10.3　倾转旋翼无人机的相关参数

翼　展	3 m	待机速度	37 km/h
机　长	2 m	起飞速度	33 km/h
空机重	22.7 kg	着陆速度	48 km/h
最大任务载荷	11.3 kg	升　限	1 525 m
最大平飞速度	201 km/h	续航时间	4 h 30 min

实践练习

10-1　第 8 章和第 9 章的实践题分别针对固定翼无人机和旋翼无人机进行气动设计,思考特殊复合式布局无人机在气动设计上的优劣。

10-2　根据现有的知识,进行一架复合式布局无人机的气动设计。

要求:

(1) 调研一款无人机(固定翼、旋翼、复合式布局均可)的性能参数,包括飞机尺寸、飞机净重以及总重、巡航高度等。参考该款无人机的性能参数进行气动设计。

(2) 详细描述所设计的复合式布局无人机气动布局形式,如果涉及固定翼,必须给出机翼、翼型几何参数图;如果涉及旋翼,则必须给出桨叶的关键参数。

(3) 计算出所设计的混合布局无人机的各个气动参数,包括升力、阻力以及气动中心等。

参考文献

[1] 昂海松,余雄庆. 飞行器先进设计技术[M]. 北京:国防工业出版社,2014.

[2] Nonami K,Kendoul F,Suzuli S,et al. 自主飞行机器人[M]. 肖阳,张璇子,孟宪权,等译. 北京:国防工业出版社,2014.

[3] 朱菲菲,刘贺军. 无人机任务载荷的技术现状和发展趋势[J]. 电光系统,2013(2):16-21.

[4] Fahistrom P G,Gleason T J. 无人机系统导论[M]. 吴汉平,译. 北京:电子工业出版社,2003.

[5] 孙滨生. 无人机任务有效载荷技术现状与发展趋势研究[J].电光与控制,2001(z1):14-19.

[6] 康小伟,胡国才. 军用无人机任务载荷发展趋势[C]// 中国航空学会. 第二届中国航空学会青年科技论坛文集. 北京:航空工业出版社,2006.

[7] 张进. 无人机载光电/红外载荷的现状和发展[J]. 飞航导弹,2008(4):34-38.

[8] 钱翼稷. 空气动力学[M]. 北京:北京航空航天大学出版社,2004.

[9] 张炜,苏建民,张亚峰. 模型飞机的翼型与机翼[M]. 北京:航空工业出版社,2007.

[10] 刘沛清. 空气螺旋桨理论及其应用[M]. 北京:北京航空航天大学出版社,2006.

[11] 王云. 航空航天概论[M]. 北京:北京航空航天大学出版社,2009.

[12] 陆志良. 空气动力学[M]. 北京:北京航空航天大学出版社,2009.

[13] 吴建军. 机翼绕流的三位数值模拟[D]. 南京:河海大学,2007.

[14] 田魏. 机翼三维绕流的非定常模拟研究[D]. 长沙:湖南大学,2012.

[15] 朱宝鎏. 模型飞机飞行原理[M]. 北京:航空工业出版社,2007.

[16] 谭楚雄. 模型飞机调整原理[M]. 北京:航空工业出版社,2007.

[17] 杨建文. 基于操纵面控制技术的副翼自适应偏转机构研究[D]. 太原:中北大学,2013.

[18] 马丁西蒙斯. 模型飞机空气动力学[M]. 肖治垣,马东丽,译. 北京:航空工业出版社,2007.

[19] 程钰锋,李国强,聂万胜. 低雷诺数下螺旋桨翼型非定常气动性能的比较[J]. 直升机技术,2012 (01):18-21.

[20] 朱宝鎏. 无人飞机空气动力学[M]. 北京:航空工业出版社,2006.

[21] 张呈林,郭才根. 直升机总体设计[M]. 北京:国防工业出版社,2006.

[22] 樊邦奎. 国外无人机大全[M]. 北京:航空工业出版社,2001.

[23] Anderson D F,Eberhardt S. 认识飞行[M]. 韩莲,译. 2 版. 北京:航空工业出版社,2011.

[24] 徐华舫. 空气动力学基础[M]. 北京:北京航空航天大学出版社,1987.

[25] Anderson J D. Fundamentals of Aerodynamics[M]. 3rd ed. New York:McGaw-Hill,1984.

［26］陈再新,刘福长,鲍国华.空气动力学[M].北京:航空工业出版社,1993.

［27］刘沛清.流体力学通论[M].北京:科学出版社,2018.

［28］Airfoil Tools[EB/OL]. http://www. airfoil tools. com.

［29］百度百科.无人机(无人驾驶飞机).［EB/OL］. https://baike. baidu. com/item/％E6％97％A0％E4％BA％BA％E6％9C％BA/2175415? fr＝aladdin.

［30］百度百科.大气层.［EB/OL］. https://baike. baidu. com/item/％E5％A4％A7％E6％B0％94％E5％B1％82/247465? fr＝aladdin.

［31］百度百科.风(自然现象).［EB/OL］. https://baike. baidu. com/item/％E9％A3％8E/29495? fr＝aladdin.

［32］百度百科.雨(自然现象).［EB/OL］. https://baike. baidu. com/item/％E9％9B％A8/21440? fr＝aladdin.

［33］百度百科.雪(自然现象).［EB/OL］. https://baike. baidu. com/item/％E9％9B％AA/2886691? fr＝aladdin.

［34］百度百科.雷电(自然现象).［EB/OL］. https://baike. baidu. com/item/％E9％9B％B7％E7％94％B5/644.

［35］百度百科.大气湍流.［EB/OL］. https://baike. baidu. com/item/％E5％A4％A7E6％B0％94％E6％B9％8D％E6％B5％81/1627130? fr＝aladdin.

［36］百度百科.风切变.［EB/OL］. https://baike. baidu. com/item/％E9％A3％8E％E5％88％87％E5％8F％98.

［37］百度百科.空气(地球周围气体).［EB/OL］. https://baike. baidu. com/item/％E7％A9％BA％E6％B0％94/2735809.

［38］百度百科.蝙鲼无人机.［EB/OL］. https://baike. baidu. com/item/％E8％9D％A0％E9％B2％BC％E6％97％A0％E4％BA％BA％E6％9C％BA.

［39］百度百科.鹰眼无人机.［EB/OL］. https://baike. baidu. com/item/％E9％B9％B0％E7％9C％BC％E6％97％A0％E4％BA％BA％E6％9C％BA.

［40］百度百科.捕食者无人机.［EB/OL］. https://baike. baidu. com/item/％E6％8D％95％E9％A3％9F％E8％80％85％E6％97％A0％E4％BA％BA％E6％9C％BA.

［41］百度百科.全球鹰无人机.［EB/OL］. https://baike. baidu. com/item/％E5％85％A8％E7％90％83％E9％B9％B0％E6％97％A0％E4％BA％BA％E6％9C％BA.

［42］百度百科.伯努利方程.［EB/OL］. https://baike. baidu. com/item/％E4％BC％AF％E5％8A％AA％E5％88％A9％E5％8E％9F％E7％90％86? fromtitle＝％E4％BC％AF％E5％8A％AA％E5％88％A9％E6％96％B9％E7％A8％8B&fromid＝1700769.